茶文化与曲艺文化常识

主　编　刘利生

副主编　王光远

西北工业大学出版社

图书在版编目(CIP)数据

茶文化与曲艺文化常识/刘利生主编 . —西安：
西北工业大学出版社，2011.5(2012.3 重印)
ISBN 978-7-5612-3078-7

Ⅰ.①茶… Ⅱ.①刘… Ⅲ.①茶—文化—中国
②曲艺—简介—中国 Ⅳ.①TS971②J826

中国版本图书馆 CIP 数据核字(2011)第 074421 号

出版发行:西北工业大学出版社
通信地址:西安市友谊西路 127 号   邮编:710072
电　　话:(029)88493844　88491757
网　　址:www.nwpup.com
印　刷　者:陕西向阳印务有限公司
开　　本:850mm×1168mm　　1/32
印　　张:6.5
字　　数:140 千字
版　　次:2011 年 5 月第 1 版　　2012 年 3 月第 2 次印刷
定　　价:18.80 元

前　言

　　文化娱乐是农业生产活动中不可分割的部分。许多文化娱乐活动，都是在农业生产中，或者在农业生产活动之后产生和举行的。今天，我们许多优秀的民族文化和娱乐活动，都与农村和农业生产有关，比如人们伐木时喊的号子，捕鱼时唱的渔歌，庆祝丰收之后的舞蹈和聚会，等等。

　　经济在发展，时代在进步。随着经济和科技的发展，广大农村地区和农民朋友的物质生活需求逐渐得到满足，人们开始转向了对文化生活的追求。除了劳动生产外，文化和娱乐活动是农民朋友不可或缺的重要文明享受和追求。

　　为了丰富农村文化生活，提高农民的文化艺术修养和文化素质，为建设新农村的精神文明提供支持，我们精心编写这套丛书。丛书重点介绍当今广大农村地区极具影响的文化休闲、民间艺术、民间文化、民间娱乐等内容，对喜爱文化娱乐活动的农民朋友，有一定的参考和借鉴意义，对丰富农村文化娱乐生活有一定的帮助。

　　我国农村地区风土人情各不相同，文化娱乐活动和项目又纷繁多彩。本丛书在编写过程中，由于水平所限，在内容选取和安排上或许有不当之处，还请读者朋友谅解。在此，对热心帮助和无私支持我们的专家学者及领导表示感谢。

最后，祝愿广大农村地区繁荣富裕，祝愿广大农民朋友精神文明和物质文明双丰收。

编　者

目　录

第一章　茶文化导言

　　茶艺既是民俗文化之魂，亦是怡情养性之道，若以茶艺论中国人的特质，且不若以茶艺论中国人的精神、中国人的友情和中国人的谦和之行。故而茶艺讲幽境品茗增雅兴，啜英咀华方得趣。因为中国人只有在平实的生活中才会有真正的精神愉悦，在中国人的万象生活中，没有一件事像茶事活动这样，自然地、不经意地融入了哲理、伦理、道德，以茶之道陶冶情操，品味人生。

　　甘甜苦涩壶中煮，湖光山色闲中趣，行走在当今社会，不敢奢望富贵加身，也未曾寄望芳名传世，但记得一哲人说：生活只需有一把茶壶，就有言之不尽的快乐。这其中既有中国人的行俭之德，也有中国人的明伦之礼；"朴实古雅去虚华，奉茶为礼尊长辈"，财富与荣誉虽不言放弃，但为了太和之境，为了美好的人生，仍需斟酌、再斟酌。中国人的哲学、中国人的中庸之道、中国人的传统生活，就如壶中茶、炉上煮，就如那墨舟画中行，饮罢甘苦方知深。

　　坎坷半生，人到中年，未忘儿时茶娘解渴之美，更未敢忘这益身之术、人生之趣。我国是最早懂得饮茶的民族。自从茶叶为国人发现以来，经历了一段很长远的尝试、肯定的时期。

茶树原本是一种野生的植物，最初人类并不知道它的功能与用途。到后来被国人发现而肯定，直到成为世界性饮料后，专家学者才对茶的原产地，也就是茶的始传这个问题，引起一场大争论。争论起因于 1823 年，在印度阿萨姆省发现野生茶树，于是就出现了茶树原产地是印度的说法。

自后争论的观点，归纳起来，不外有以下四类的看法：

第一类，主张印度是茶树的原产地。

第二类，主张中国是茶树的原产地。

第三类，主张小叶种茶原产地在中国，大叶种茶原产地在印度。

第四类，主张各自然条件允许的地区都是茶树的原产地。

最近多数学者、专家都逐渐承认中国是茶树的原产地。实际上，中国迄至目前，仍存在为数甚多、年代久远的野生大茶树。在古代也曾发现过，不仅在南方有，同时北方也有。在唐代陆羽《茶经》和宋代《太平寰宇记》中，就已有发现野生茶树的记载，而西南地区的地方志所载尤多。1939 年，在贵州婺川老鹰岩发现野生大茶树以来，陆续又在四川、云南、贵州等地深山大泽中都有大量的发现，甚至在福建、安徽也有。1961 年又在云南勐海大黑山原始森林中，发现一株高约 32.12m、直径 1.03m、树龄 1 000 多年的世界最大茶树，被称为"茶树王"。

茶树在植物分类学上，属山茶科、茶属。据调查资料显示，全世界山茶科植物共有 23 属、380 余种；而在中国所属土地上就占了 15 属、260 多种，大部分集中分布于云南、贵州、四川三省，尤以云南居多，形成全世界茶分布的中心。也因为具备如此条件，中国人才能最早发现茶叶。

至于茶叶是如何被中国人所发现的，有人从字源上、有人从载籍上来追溯。前者主要根据有茶字意义的最原始的"荼"字，或与茶异名而实同的诸字，如槚、蔎、茗、荈等来推断。荼字，首见于《诗经》；槚，首见于《尔雅》；蔎，首见于《方言》；茗，首见于《晏子春秋》；荈，首见于《凡将篇》。

因为茶字是由荼转化而来的，因此成为常被讨论的对象。荼在古代是个多义词，并不专指茶，因而辨别古书记载，必须依据当时情形而断定所指为何物。到了唐初陆德明、颜师古始改音但尚未改字，而茶字的出现，首见于苏恭的《唐本草》。大约在中唐以后，所有荼字意义的茶字，都已改变为茶字。除茗字至今偶然沿用外，所有别名代名，早已不用，而统一为茶字。

后者从载籍有关茶事的出现去断定，但很多载籍本身著作年代大有问题。如：《神农本草》《尔雅》《晏子春秋》《古文苑·童约》等等，中间的年差将近有 2 000 年。比较可以确定的是，大约在西汉时代（公元前206年），长江上游的巴蜀地区已经有了饮茶的记载。至三国时代（220—280年），长江下游的吴国也有了饮茶的记事。

由西汉时代一直到唐代中叶之间，是茶饮经由尝试而进入肯定的推展时期。茶树生长的自然环境与茶风的开展密不可分，因之至今四川以至江苏、浙江，沿长江流域，极可能是中国植茶与茶风的起源。

此一时期，如《三国志·吴志》所载，茶仍然还是王公贵族的一种消遣，民间还很少饮用。到东晋以后，茶叶在南方渐渐变作一种普遍的作物，文献中有关茶的记载也相应明显地增多。如记载名士生活言行的《世说新语》，就是一个例子。但是只有部分的南人有此饮茶习惯，北人不但无此习惯，而且常用一种轻蔑的字眼，如："漏卮""酪奴""水厄"，来取笑好饮茶的南人。在北朝达官贵人的宴席上，虽然有时也陈设茶饮，可是北人本位主义的观念很重，皆"耻不复食"，只有远到北朝投顺的"江表残民"的南人，因生活习惯未改变才喜好它。

及至隋代统一南北，以及大唐盛世局面的出现，南北的文化又得以再一度的混融。因生活习性相互影响，渐渐地南人饮茶的风气，使得一向嗜乳酪的胡人也沾染了嗜茶的习惯；至于留在北方与南方同种同族的汉人，更容易受到影响。于是形成尔后所谓"于人所资，远近同俗"的局面。

茶因所嗜者多，风气也渐在推展，而成为一种大众化的饮料，影响当时社会、经济、文化很深。在此我们将上古至这一时期有关饮茶的作用问题，提出来讨论一下。饮茶的作用依据历史资料，约可分为五个发展时期：

（1）荈从上古时期到春秋时期，主要作为祭品。

（2）从春秋后期到西汉初期，主要作为茶食。

（3）从西汉初期到西汉中期，发展为药用。

（4）从西汉后期到三国，成为宫廷高贵饮料。

（5）从西晋到隋代，逐渐成为普通饮料，至唐、宋遂成为一般人家"一日不可无"的开门七件事之一。

从中唐以后，茶风吹遍大江南北，达到极盛。不但是"穷极新出，而无以加之"，甚至于穷荒之民"不可一日无也，一日无之则病矣"。茶叶大量的消耗，相对植茶的区域也增广了。从此以后，茶叶遂成政府赖以支付财政的大宗财源之一，也就是在诸税中是仅次于盐税的次高税收。

唐中叶以后，茶风如日中天，究其原因，归纳出来的有四点：

（1）交通发达，运销便捷。

（2）制茶方法，日渐改良。

（3）僧道生活，间接刺激。

（4）陆羽茶经，直接鼓吹。

其中陆羽是最有功于"中国茶艺"发展的始创人，他在中唐时期，将一生对茶有关的知识撰成《茶经》三卷后，提升了饮茶的层次，使之成为中国精神文化中的一环。陆羽《茶经》既出，远近倾慕，嗜者接踵，无不争学事茶。单就此一点，陆羽对中国茶文化的贡献，真的是"立言不朽"，值得后人大书而特书。

我们都知道宋代文风很盛，有关茶的相关知识也被拓宽并加深了。例如：斗茶风气的开展，茶器制作的精致，植茶知识的进步，制茶技巧的讲究，茶书诗书的创作，无一不表现出宋人智慧的高人一等。宋代的人物，尤其是文人，多半很可爱又可敬，像苏轼、苏辙、欧阳修、王安石、蔡襄、黄庭坚、梅尧臣、陈师道、朱熹等大家都与茶有一段姻缘。

其中如蔡襄，以擅长书法著称于世，对于茶的品鉴尤其精到，著有《茶录》一书。《茶录》中将建安（今福建水吉）地方上门茶的民俗作了详细的介绍。从此以后，上至朝廷，下至民间，效法此门，成为一时的风尚。

在斗茶之余，值得一提的是，宋代对茶树生物学特性的认识程度较高，如苏轼"细雨足时茶户喜"的诗句，《东溪试茶录》每年六月锄草以"虚其本，培基土""以导生长之气，而渗雨露之泽"的论点等等，都说明宋代较唐代对茶的认识又深化了一层，而且早在宋代便达到了宏观世界可能达到的认识深度。

至于日僧明巷荣西在南宋光宗绍熙二年（1193 年），将中国茶种渡海携回彼邦，由明惠上人栽植成功。自后日人植茶、饮茶渐次开展，成就彼邦的"茶道"，这是尽人皆知的史实。驯至邻近的韩国茶礼，也渊源于我国。

茶艺文化的发展至明代而达于极盛。茶书的著述，数量上超越了任何朝代；茶艺的生活，确立了一个可循的方向；饮茶的模式，有了一个标准；茶器的改良，开创了崭新的局面。而茶艺的精神文化在明代更是表露无遗，如罗廪在《茶解·煮茶》中说："山堂夜坐，汲泉煮茗。至水火相战，如听松涛，倾泻入杯，云光潋滟，此时幽趣，未易与俗人言。"

明代文人最擅长于安排生活，既要求其"雅"，又要求其"适"，更要讲求"静"，因此典型的文士多醉心于茶艺。

茶之有书，始于我国。我国茶书，始见于唐。唐代是我国茶业和茶叶生产技术获得空前发展的一个时代。在唐以前，我国饮茶主要限于南方，北方初不多饮。但至开元年间（公元 713—741 年），由于北方大兴禅教，坐禅夜不夕食，只许饮茶，所以饮茶在北方也很快相效成风。这种突然盛起的茶风，很快地促进了南方茶叶生产和南北茶叶贸易的迅速发展。据史料记载，中唐以后，每到采茶时节，茶商云集茶区，舟车相继，货如山积。"一叶赢得万户喜"，唐代茶叶的日益繁荣，也引起了整个社会对茶的普遍重视。

《茶经》的问世，开创了为茶著书之宗，也为后来的茶书规定了一个大体的著述范围。《茶经》全书谈及的内容主要包括茶树的形态特征，茶名汇考，茶树适宜的生长环境及栽培方法，采茶和制茶工具，茶叶采摘及制造技术，煮茶、饮茶的器具，烹茶用水的品质，茶的煮饮方法，茶叶的种类和各地饮茶的习惯，茶史资料的搜集和各地茶叶的品质等等。可以说，《茶经》中除茶法等以后出现的事项外，几乎凡是与茶有关的各种内容差不多都有叙述。所以《茶经》的内容在某种程度上，实际也就是我国全部茶书的总目，以后茶书也少有能轶出它的范围。

陆羽《茶经》是一部综合性的茶书。我国茶书除《茶经》和《茶讲》《茶论》等一类综合性的著作以外，还有许多只是就《茶经》中一项或几项内容加以专门论述的专书，如唐代的《煎茶水记》、宋代的《茶具图赞》、明代的《茶经外集》、清初的《茶马政要》等，这些茶书或只谈各地的水质品质，或专讲煮茶饮茶的用具，或者专门辑录有关茶的诗文和茶马政要，专述其一，其他概不兼及。还有一类茶叶的专著也就是地方性的茶书，如专门记述福建建安茶叶的《东溪试茶录》《品茶要录》以及专门介绍岕茶的《罗岕茶记》《洞山岕茶系》和《岕茶汇》等著作。这类地方性的茶书，是专著一地或某一名茶的历史、生产情况和茶叶特色的。

我国不但是世界上最早撰写茶书的国家，也是撰写茶书最多的国家。据万国鼎先生 1958 年在《茶书总目提要》所列，从唐代的陆羽《茶经》算起，至清末程雨亭的《整饬皖茶文牍》为止，我国历史上刊印的各种茶书共 97 种（原文为 98 种，其中《本朝茶法》实际上是沈括《梦溪笔谈》的一节）。事实上万氏尚遗漏了唐代斐汶《茶述》、宋代桑尼茹芝的《续谱》和明末无名氏撰的《茗笈》等 3 种茶书，其中《茶述》《续谱》都只是几百字的轶佚，惟《茗笈》尚完整收录在清顺治的江苏《六合县志》里。如将万氏的总目加上这 3 种茶书，那么我们现在知道的我国茶书不多不少正好是 100 种。但这并不是确数，可以肯定，我国历史上所著的茶书远不只是这些而已。

我国历史上编印的茶书很多，但历经社会变乱，散失的也很多。且不说我们现在不知道的那些佚书，即使以上面所提及的 100 种茶书来说，今天可能查见的，包括辑引的残句、残本，尚能见到的也只有 58 种。一般来讲，大凡成书愈早的茶书，散失的情况也愈发严重。

以唐代的茶书为例，唐代存目的茶书有：陆羽《茶经》《茶记》和《愿渚山记》，张又新《煎茶水记》，温庭筠《采茶录》，温从云、段碣之《补茶事》，释皎然《茶诀》，苏广《十六汤品》和斐汶《茶述》等九种。但现在比较完整地保存下来的只剩《茶经》和《煎茶水记》，其他的或佚或残，大部分已经散失了。有的名为一书，可是实际上面目已全非。如《十六汤品》，原书为《仙芽传》，现在的《十六汤品》只是《仙芽传》第九卷中的"作汤十六法"，由后人辑出专作一书另题的。

以上说明我国茶书的这种散失情况，不只为了强调我国现存茶书的可贵，更主要的还在于指出我国现存的茶书和茶叶史料只是历史上已有的一部分或很少部分。因此，现存的茶书资料是不能完全代表和反映当时茶叶生产的实际水准和全部情况的。一般地说，现存的茶书记载都是迟于历史的实际、低于历史的实际。

另外还要指出，我国茶书基本上都是古代的作品。对于古代的茶叶科技著作，无批判地吸收是不对的；但用现代科学水准或观点去衡量和要求，同样也是不对的。本书以尊重历史的心态，整理、完善古代的茶书，从中汲取精华，使得中国茶道继承发展。

第二章 茶 说

茶之为用，至今天，经历咀嚼鲜叶、生煮羹饮、晒青贮存、蒸青做饼、碾碎塑形、杀青炒制，乃至当今各种茶类的发展过程，历时数千年，集历代千千万万茶人之大成。

最早利用茶叶，系咀嚼鲜叶。神农尝百草以疗疾的传说，就反映了这种原始的利用方法。生煮羹饮，也是早期的利用茶叶之法。即采得的新鲜茶叶不经加工，即生煮羹饮，"啜其汤，食其滓"，犹如今人煮菜汤，亦可视为菜食，故古有茗菜的说法。如《晏子春秋》上说："婴相齐景公时，食脱粟之饭，炙三弋五卵、茗菜而已。"《晏子春秋》系后人收集晏婴遗事写成的，是说晏婴在做相景公时（公元前547—公元前490年），吃糙米饭，烧烤三种禽鸟、五种禽鸟的蛋和茶叶做成的菜。东晋郭璞（276—324年）在注释《尔雅》中的"梗·苦茶"指出："树小似栀子，冬生青，叶可煮作羹饮。"

古代饮茶与今作菜汤似无什么区别。唐代皮日休在《茶中杂咏序》中写道："自周以降及于国朝茶事，竞陵子陵季疵言之详矣，然季疵以前称茗饮者，必浑以烹之，与

11

大沦蔬啜者，无异也。"西汉《童约》有"烹茶尽具"。魏代《广雅》有以葱姜等物合煮茶汤。唐代恭龙诗"盐损常添戒，姜豆煮更夸"，也表明唐时亦用盐、姜、豆煮茶。宋代苏东坡诗云："……老妻稚子不知爱，一半已入姜盐煎。"宋代苏辙诗云："北方茗饮无不有，盐、酪、茭、姜夸满口。"至今，在广东、广西、云南、湖南等省区的一些少数民族地区还有打油茶、擂茶等佐食羹饮者。

魏代张辑（230年前后）在《广雅》中说："荆、巴间采叶作饼，叶老者饼成以米膏出之。欲煮茗饮，先炙令赤色，捣末，置瓷器中，以汤浇覆之，用葱、姜、桔子芼之，其饮醒酒，令人不眠。"从《广雅》的记载，可知当时已由煮生叶、晒干贮存，发展到制饼烘干、碾碎冲泡。这是目前已发现的最早的记载详尽的制茶史料，陆羽在《茶经·七之事》有过引用。要使茶叶做成饼状，料想当时已出现蒸青或类似蒸青的制茶方法。从出土的陶器炊具来看，魏代或魏以前，蒸熟茶叶是完全可以做到的。

自茶树上采下的新鲜茶叶，经甑蒸蒸软，通过捣、拍、焙、穿、封等手续，做成各种形状，并将其穿孔，用绳子穿紧，悬挂高处。当时制成的茶形状多端。《茶经》形象生动地介绍当时茶的形状，说茶的形状有千万种，有的像胡族人的靴子；有的像封牛的胸部；有的像山顶浮云，大而卷曲；有的像轻风吹拂水面，微波漪涟；有的像用水澄淀出陶土的肥润部分，表面润泽；有的像新耕土地，因暴雨径流而凹凸不平……

宋代熊蕃在《宣和北苑贡茶录》（1121—1125 年）中记载："采茶北苑，初造研膏，继蜡面。"据原注释，蜡面茶产于福建，起于南唐。又云："宋太平兴国初，特置龙凤模，遣使即北苑造团茶，以别庶饮，龙凤茶盖始于此。"据原注释，太平兴国二年，始置龙焙，造龙凤茶。龙凤茶，皆为做成团片的茶，起于北宋丁渭（962—1033 年），一说为蔡君谟（即蔡襄，11 世纪）所创，有龙团凤饼之称。宋徽宗在《大观茶论》（1107 年）里亦谓"岁修建溪之贡，龙团凤饼，名冠天下"。

南宋程大昌在《演繁露续集》（1192 年前后）对蜡面茶作了解释，说："建茶名蜡茶。为其浮泛汤面，与熔蜡相似，故名蜡面茶也。"

宋时贡茶尤甚，茶产新品目层出不穷，团饼茶的花色不断刷新，制茶技术也随之长足发展。继宋太宗时产制龙凤茶之后，仁宗时，蔡君谟创造小龙团。当时小龙团茶尤称精妙，欧阳修在《归田录》中曾有记之："茶之品贵莫于龙凤，谓之小团，凡二八片，重一斤，其价值金二两，然金可有，而茶不可得。自小团茶出，龙凤茶遂为次。"熙宁（1068—1077 年）中，又创制密云龙茶，系取小团之精者，以 20 饼为 1 斤，装成两袋，谓之双角团茶。当时大小龙团茶是以绯色袋装盛的，表示圣上赐的。而密云龙则独用黄色袋装盛，表示专门敬奉皇上饮用。绍圣（1094—1097 年）年间，又改为瑞云翔龙，亦为福建所产，制法与密云龙无多大差别。到宋徽宗时，出现白茶，因属茶树品种的关系，偶然生出，非人力可至，于是白茶遂为第一。大观年间，又创制三色芽及试新铐、贡新铐。三色细芽即御苑玉芽、万寿龙芽、无比寿芽。自三色细芽出，瑞云翔龙则居下。此时团茶已不复为贵，讲究采摘细嫩的芽叶制茶。《宣和北苑贡茶录》云："凡茶芽数口，最上日小芽，如雀舌鹰爪，以其劲直织说，故号芽茶。次日中芽，乃一芽带一叶者，号一枪一旗。次日紫芽，乃一芽带两叶者，号一枪两旗。其带三叶四叶，皆渐老矣。芽茶早春极少。……如一枪一旗，可谓奇茶也。故一枪一旗，号拣芽，最为挺特光正。"《大观茶论》亦谓一枪一旗为拣芽。从当时文人学士咏拣芽的诗中，则可知拣芽尤为贵重。王歧珮诗云："北苑和香品最精，绿芽未雨带旗新。"韩康绛诗云："一枪已笑将成叶，百草皆羞未敢花。"宣和庚子年间，郑可简又在福建创制银线水芽，即将拣芽先蒸熟，置于水盆中，取其芽心，谓之水芽，是小芽中最精英者，光明莹洁，犹如银线，因用很小的袋装盛，袋上有小龙蜿蜒其上，号龙团胜雪，故有"盖茶之妙，至胜雪极矣"的赞语。北宋时，据记载仅福建所产的名茶不下50余种，品质极妙，命名雅致，耐人寻味，除上面所提到的茶名外，还有上林第一、乙夜清供、承平雅玩、龙凤英华、玉除清赏、启沃承恩、雪英、云叶、玉华、寸金、万春峪叶、玉叶长春、宜年宝玉、玉清庆云、无疆寿龙、长寿玉圭、香口焙烤、太平嘉瑞、龙苑报春、南山应瑞、琼林毓粹、壑源拱秀等。

据宋代赵汝砺所撰的《北苑别录》（1186 年）记载，宋代在生产龙团凤饼茶时采制方法即相当考究，指出："采茶之法，须是侵晨，不可见日。侵晨则夜露未晞，茶芽肥润。见日则为阳气所薄，使芽之膏腴内耗。"不仅择时采茶，而且注意培训采茶工，防范贪多不顾质量，并定有采茶标准，"使其择焉而精，则茶之色味无不佳"。制茶分蒸茶、榨茶、研茶、造茶、过黄等过程。"茶芽再四洗涤，取令洁净，然后入甑，俟汤沸蒸之。茶既熟，谓茶黄，须淋洗数过，方入小榨以去其水，又入大榨出其膏。先是包以布帛，束以竹皮，然后入大榨压之，至中液，取出揉匀，复如前入榨，谓之翻榨，彻晓奋击，必至于干净而后已。""研茶之具，以柯为杵，以瓦为盆，分团酌水……每水研之，必至于水干茶熟而后已。""造茶分四局，……凡茶之初出研盆，荡之欲其匀，揉之欲其腻，然后入圈制銙，随笪过黄。""茶之过黄，初入烈火焙之，次过沸汤滥之，凡如是者三，而后宿一火，至翌日遂过烟焙焉……火数既足，然后过汤上出色。出色之后，当置之密室，急以扇扇之，则色自然光莹美矣。"其时成品茶的等级也分得很细，茶的品目有 12 纲，共 3 等 41 名。

北宋以后，蒸青团茶逐渐演变为蒸青散茶。宣和后，团茶不复为贵。南宋蔡绦在《铁围山丛谈》（1148 年或稍后）指出："茶之尚，盖自唐人始，至本朝为盛。而本朝又至祐陵时，益穷极新出，而无以加矣。"制茶技术不断革新，茶类当有发展。从南宋陈鹄辑《耆旧续闻》（13 世纪初）记载中，亦可知当时散茶已很风行：自景祐（1034—1037年）以后，洪之双井白芽渐盛，近岁制作尤精，囊红纱，不过一二两，以常茶十数斤养之，用避暑湿之气。此乃江西所产的双井红纱名茶的描述，显然是指散茶。制茶方法演变为蒸后不榨、不研、不过水，直接烘干，或揉捻烘干。《王祯农书》（1313年前后）则有此记录："然茶之美者，质良而植茂，新芽一发，便长寸余，其细如针，斯为上品。如雀舌、麦颗，特次材耳。采讫，以甑微蒸，生熟得所，蒸已，用筐箔薄摊，乘湿略揉之，入焙匀怖火，烘令干，勿使焦，编竹为焙，裹箬覆之，以收火气。茶性畏湿，故宜箬，收藏者必以箬笼。窬箬杂贮之，则久而不泯。"由此可知，元初除蒸气杀表外，制茶方法与现代烘青绿茶制法相仿。

　　随着茶类的发展和制茶技术的进步，为保持茶的香味，饮茶方法也改为全叶冲泡。明代朱权《茶谱》曾有记述："得春阳之首，占万木之魁，始于晋，兴于宋。惟陆羽得品茶之妙，著《茶经》三篇，蔡襄著《茶录》二篇。盖羽尚奇古，制之为末，以膏为饼。至仁宗时，而立龙团、凤团、月团之名，杂以诸香，饰以金彩，不无夺其真味。然天地生物，各遂其性，莫若叶茶，烹而啜之，以遂其自然之性也。"明代田艺蘅在《煮泉小品》中也说："茶之团者片者，皆出碾硙之末，既损真味，复加油垢，即非佳品，总不若今之芽茶也。盖天然者自胜耳。"故有"宝夸自不乏，山茅安可无""要知玉雪心肠好，不是膏油首面新"等诗句。

唐以后，随着茶叶生产的发展，新茶类也不断出现，相继形成丰富多彩的茶类。各种茶类本身也有一个形成发展的演变过程，难以分出各个茶类的起始绝灭阶段。就全国而言，也不可能一种制茶方法灭绝了，再兴起另一种制茶方法，很多茶类乃长期并存，各有发展。

茶叶制法虽以晒、蒸为始，但随饮茶之风的兴起，其他炒制方法亦应运而生。炒青绿茶始于何时，尚难确定。然从唐·刘禹锡（772—842 年）《西山兰若试茶歌》："山僧后檐茶数丛，春来映竹抽新茸。苑然为客振衣起，自傍芳丛摘鹰嘴。斯须炒成满室香，便酌砌下金沙水。"唐时似已有炒青绿茶，这是目前已发现的最早有关茶叶炒制的史料。据考证，刘禹锡的这首诗作于朗州武陵郡，即今湖南省常德市，取材朗州一带茶事而成的诗歌。

关于炒青茶名，清代茹敦和在《越言释》中指出："茶理精于唐，茶事盛于宋，要无所谓撮泡茶者。今之撮泡茶，或不知其所自，然在宋时有之。且自吾越人始之。按炒青之名，已见于陆诗，而放翁安国院试茶之作有曰：我是江南桑苎家，汲泉间品故园茶，只应碧缶苍鹰爪，可压红囊白雪芽。其自注日，日铸以小瓶蜡纸丹印封之。顾渚贮以红蓝缣囊皆有岁贡，小瓶蜡纸，至今犹然。日铸则越茶矣，不团不饼，而日炒青。"

到了明代，有关炒青的记载已屡见其详。普遍改蒸为炒，制茶技术达到相当高的程度。明代许次纾在《茶疏》（1595 年）中详尽地介绍了炒制方法以及炒青器具、燃薪等。许次纾说："生茶初摘，香气未透，必借火力，以发其香。然性不耐劳，炒不宜久，多取入铛，则手力不匀，久于铛中，过熟而香散矣。甚至枯焦，不堪烹点。炒茶之器，最嫌新铁，铁腥一入，不复有香。尤忌脂腻，害甚于铁。……炒茶之薪，仅可树枝，不用干叶，干则火力猛炽，叶则易焰易灭。铛必磨莹，旋摘旋炒。一铛之内，仅容四两，先用文火焙软，次用武火催之，手加木指，急急炒转，以半熟为度。微俟香发，是其候矣。急用小扇，钞置被笼，纯棉大纸衬底燥焙，积多候冷，入罐收藏。"从这段记载的制茶方法采看，相当于现代的半烘炒。此时茶叶贮藏已用磁瓮。明代闻龙在《茶笺》中也写道："炒时须一人从旁扇之，以祛热气，否则色香味俱减。予所亲试，扇者色翠，不扇色黄。炒时起出铛时，置大瓷盘中，仍需急扇，令热气稍退，以手重揉之，再散入铛，文火炒干入焙，盖揉则其津上浮，点时香味易出。"此与现代炒青绿茶炒制方法，基本相同，特别强调杀青时透炒，散发青气。

明代罗廪《茶解》（1609 年前后）还系统地总结了当时炒青茶的技术经验，指出茶叶要"新鲜，膏液具足"。"去其梗，则味自清""炒茶，铛宜热""初用武火急炒，以发香气""茶置铛中，扎扎有声，急于炒匀""茶炒熟后，须揉授""出之箕上薄摊，用扇扇冷""再略炒入文火铛焙干，色如翡翠，若出铛不扇，不免变色"。

明代炒青制茶方法已很普遍，形成许多名茶，然当时也还有蒸青茶生产。闻龙在《茶笺》中曾谈道："诸名茶法多用炒，惟罗芥宜于蒸焙，味真蕴藉，世竞珍之。即顾渚阳羡，密迩洞山，不复效此。想此法偏宜于界，未暇施他茗。而经已云，蒸之焙之，则所从来远矣。"

宋代蔡襄《茶录》（1049—1053 年）提到熏香茶，说："入贡者微以龙脑和膏，欲助其香。"即以一种名叫"龙脑"的香料，加入龙凤茶，以助茶香，进贡皇帝。后来发展茶引花香，创制出薰花茶。

南宋施岳《步月·茉莉》词中，提到以茉莉花焙茶。该词原注说："茉莉岭表所产，古今咏者甚多，……此花四月开，直至桂花时尚有玩芳味，古人用此花焙茶。"

明代钱椿年《花谱》（1539 年）写道："木樨、茉莉、玫瑰、蔷薇、兰惠、橘花、栀子、木香、梅花皆可作茶。"对花的采摘、用花量、熏茶器皿、熏茶方法等都作了具体说明，料想当时花茶已受到了人们的喜爱。

炒青茶的创制和发展促进了其他茶类的产生，明代已有黄茶、白茶、黑茶制法的记载，如明代许次纾在《茶疏》中记载了制绿茶不得法而演变成黄茶的历史。许次纾写道："顾彼山中不善制法，就于食铛火薪焙炒，未及出铛，业已焦枯，讵堪用哉。兼以竹造巨笋，乘热便贮，虽有绿枝紫笋，辄就萎黄，仅供下食，奚堪品门。"

明代田艺蘅在《煮泉小品》中有一段制茶方法的记载，类似现今生产的白茶："茶者以火作者为次，生晒者为上，亦近自然，且断烟火气耳。况作人手器不洁，火候失宜，皆能损其香色也。生晒茶沦之瓯中，则旗枪邻畅，青翠鲜明，尤为可爱。"宋代虽有白茶出现，但根据《大观茶论》《东溪试茶录》的记载分析，当时所谓的白茶，是指一种稀有的白叶茶的茶树品种，与后来以生晒为主的制茶方法制出的白茶（譬如今所产的白毫银针、白牡丹等）则不相同。

黑茶生产在明代也已有记载。据明代史料记载，明嘉靖三年（1524 年），御史陈讲疏称："商茶低伪，悉征黑茶，产地有限，乃第为上中二品，印烙篾上，书商品而考之。"此时湖南安化所产黑茶近似统销，用以边销换马。

乌龙茶起源于何时？学术界尚有争议，有的推论其出现于北宋，有的则推定于清咸丰年间（1851—1861 年）开始生产。然而，目前所能查阅到的有关乌龙茶文字记载，最早见于清代陆延灿《续茶经》（1734 年）所引述的王草堂《茶说》。王草堂《茶说》（写作年代不详）在阐述武夷茶时写道："茶采后，以竹筐匀铺，架于风日中，名曰晒青。俟其青色渐收，然后再加炒焙。阳羡岕含岕片，只蒸不炒，火焙以成。松萝龙井，皆炒而不焙，故其色纯。独武夷炒焙兼施，烹出之时，半青半红。青者乃炒色，红色者乃焙色也。茶采而摊，摊而扼（撼，相当于乌龙茶现行制法中的做青）。香气发越即炒，过时不及皆不可。既炒既焙，复拣去其中老叶枝蒂，使之一色。"王草堂所记述的武夷茶制法与现今乌龙茶的制法非常相似。根据王草堂《茶说》的记述，18 世纪，武夷山的乌龙茶生产已有相当水平。

红茶最初是由小种红茶发展起来的，始产于福建省崇安县桐木关，交易于武夷山下的星村镇。清代刘靖在《片刻余间集》（1753 年以后）中曾有记述："山之第九曲尽处有星村镇，为行家萃聚。外有本省邵武、江西广信等处所产之茶，黑色红汤，土名江西乌，皆私售于星村各行。"星村至今还是小种红茶的集散地，以星村小种（红茶）为名，而蜚声中外。功夫红茶由小种红茶演变而成，最初亦产于福建。著名的祁门功夫红茶始创于 1875 年，其制茶的基本方法亦从福建传入。20 世纪 20 年代，印度等国开始发展红碎茶，60 年代起，我国亦开始红碎茶生产。

第三章 茶的分类

第一节 绿 茶

绿茶是所有茶类中历史最悠久的一种茶类。绿茶为不发酵茶，品质特征是清汤绿叶。

绿茶的制法，分杀青、揉捻和干燥三个工序。采回的鲜叶，通过高温杀青，破坏鲜叶中酶的活性，制止多酚类化合物的氧化，保持绿色绿汤，以获得绿茶所要求的色、香、味。

绿茶由于其鲜叶原料及时通过高温杀青，破坏了酶活性，制止了多酚类物质的氧化，因此，茶多酚（即茶单宁）含量比其他茶类都高，维生素 C 的含量亦最高。从保健功效来看，绿茶优于红茶。

绿茶的生产历史可追溯到唐代以前。唐代陆羽《茶经》中曾记述了古代绿茶制造方法。陆羽在《茶经·三之造》中写道：对采下的鲜叶，"蒸之、捣之、拍之、焙之、穿之、封之，茶之干矣"。当时采用蒸汽杀青的办法进行杀青，称为蒸青。到了南宋，发明了锅热杀青，称为炒青。至明代，中国绿茶生产基本都改成炒青，绿茶品质不断提高。

　　中国绿茶制法 9 世纪传入日本，日本目前仍盛行蒸青绿茶，其制茶方法和原理，唐宋时代自中国传入，沿用至今。绿茶制法先后传到越南、俄罗斯、印度等国家，近代还传人亚洲、非洲的一些产茶国家。由于中国的生产条件（如气候、土壤、地势、纬度等）和茶树品种得天独厚，加之生产历史悠久，经验丰富，采制技术精湛，制成的绿茶品质优异，在世界上享有崇高的声誉。因此，千百年来，中国一直是绿茶主要生产国，在数量和质量上都保持着绝对优势。

　　绿茶是一个品目繁多的茶类，在所有的茶类中最为突出，形有长、圆、扁、曲之分，色亦变化万千。通常依杀青方法不同，分为锅热杀青绿茶（即炒青绿茶）和蒸汽杀青绿茶（即蒸青绿茶）两大类。

　　炒青绿茶的制法，是将茶树上新萌发出的幼嫩芽叶按一芽二三叶的标准采下，投入温度在 220℃～300℃ 的锅中进行锅炒杀青，破坏鲜叶中酶的活性，不使叶子变红，然后再进行揉捻、干燥，形成香气清高持久、滋味浓醇爽口、汤色黄绿清澈、叶底嫩绿明亮的各种形色的绿茶。

　　炒青绿茶在加工过程中，因干燥的方法不同，可分为炒青、烘青、晒青三个品类。

　　炒青，在炒制过程中，茶叶是采用锅炒的方式进行干燥的，通过巧夺天工的炒制手法，炒制成各种形状的成品茶，并且色、香、味独具风格。在所有绿茶中，以炒青香气高，味浓醇，收敛性强。炒青花色品种最多，千姿百态，色味诱人。因成品茶形状不同，又分长炒青、圆炒青、扁炒青、针炒青、片炒青等。

一、 长炒青

外形条索紧直如眉，又名眉茶。干茶色泽翠绿鲜润，冲泡以后，汤色绿明，香气高鲜，味浓爽口，收敛性强，叶底嫩绿。

长炒青在绿茶产量中所占的比重最大，产区分布也很广。传统产区为安徽、江西、浙江三省，近些年来扩大到湖南、湖北、贵州、四川等省。台湾省自50年代起亦有生产。各地所产的长炒青茶，因生产条件、茶树品种和采制技术的差异，形成了不同的品质风格，通常依产地分为：屯绿、婺绿、淳绿、舒绿、芜绿、饶绿、杭绿、温绿、湘绿、台绿、黔绿、鄂绿等，其中以屯绿、婺绿和淳绿品质最佳。

（1）屯绿，屯绿是安徽屯溪绿茶的简称。屯溪是皖南的一座山城。皖南山区所产的绿茶，古时都集中到屯溪加工输出，故名屯绿。条索紧结，匀整壮实，色泽带灰有光泽，香气鲜高持久，带熟板栗香，汤色清绿明亮，滋味浓厚醇和，叶底嫩绿厚实。屯绿是炒青绿茶中出类拔萃的品类，在国内外茶叶市场都享有较高的声誉。

（2）婺绿，产于江西婺源。条索粗壮紧结，色泽浓绿，稍有油光，香气高，滋味鲜纯。

（3）淳绿，产于浙江淳安、开化等县，品质接近屯绿。条索紧结，色泽绿润起霜，香气高纯，滋味浓厚，汤色微黄。

长炒青精制加工后，统称为眉茶。眉茶是中国主要出口绿茶，约占出口绿茶的 70% 以上。精制的眉茶又分为珍眉、贡熙、雨茶、茶芯、针眉、秀眉等花色。

（1）珍眉，为眉茶的正品茶。条索细紧挺直如眉，如一级珍眉条索紧细，匀整一致，色泽绿润，匀嫩多芽毫，有浓烈嫩香，滋味醇厚爽口，汤色清绿明亮，叶底嫩绿明亮。

（2）贡熙，为长炒青精制时分出的圆形茶。颗粒如珠茶，不含碎叶，色泽绿润，香气纯正，滋味醇和，汤色浅黄，叶底嫩匀。

（3）雨茶，原为珠茶精制时分出的长形叶，现在在长炒青精制时也分出雨茶。条索尚紧，有碎叶，色泽乌绿，香气纯正，滋味浓厚，汤色黄绿，叶底尚匀。

（4）茶芯，为长炒青精制时分出的碎叶，颗粒状，色泽深绿，香气尚纯和，滋味尚浓，汤色较黄，叶底尚匀。

（5）针眉，为长炒青精制时分出的细筋梗。

（6）秀眉，为长炒青精制时分出的茶片。一级秀眉，面张略有条，低级秀眉全部为茶片，称为"三角片"。色泽黄绿暗枯，香味粗涩，汤色、叶底黄暗。

二、圆炒青

外形呈颗粒状，细圆紧结，宛如圆珠，又名珠茶。干茶色乌绿油润，冲泡后，汤色黄绿明毫，香高味浓，经久耐泡。珠茶也是中国主要出口绿茶之一。

珠茶原产于浙江省绍兴县平水一带山区。平水是绍兴县东南乡的一个集镇，该地产茶历史悠久，唐宋时代已是著名的茶、酒交易市场，附近不远有著名的兰亭等名胜，宋代诗人陆游曾对当时的茶市咏道："兰亭步步水如天，茶市纷纷趁雨前。"历史上，浙东所产的珠茶都集中到平水加工，而后输送出口，因此珠茶又称平水珠茶，在国际绿茶市场颇富声誉，主销北非和西非。珠茶的主要产地在浙江省嵊县、绍兴、新昌、上虞等县。

三、扁炒青

外形扁平光滑，包括龙井茶、旗枪茶、大方茶。

（1）龙井，产于浙江杭州市西湖区，素以"色绿、香郁、味甘、形美"四绝著称。因产地不同，又分狮峰龙井、梅坞龙井和普通龙井等花色。

（2）旗枪，产于浙江杭州市郊区和毗邻的余杭、富阳、萧山等地。炒制方法近似龙井，但采摘标准较龙井大，制工不及龙井精细，色、香、味、形都比龙井差。

（3）大方，产于安徽歙县和浙江临安、淳安毗邻地区，以歙县老竹大方最为著名。

此外，片状的炒青绿茶有六安瓜片，针状的炒青绿茶有安化松针、南京雨花茶，弯曲状的炒青绿茶有碧螺春，尖条状的炒青绿茶有太平猴魁，花状的炒青绿茶有菊花茶（茶叶炒制成后，用丝线扎成菊花的形状），等等，不胜枚举。

烘青，是采取烘焙的方式进行干燥的。烘青绿茶外形条索尚紧结，色泽深绿油润，汤色黄绿明亮，香气清纯，滋味鲜纯，叶底嫩绿匀齐。一般烘青绿茶香气不高，不及炒青绿茶，味亦较炒青绿茶淡薄，大部分作为窨制花茶的途坯，窨制各种花茶。一些烘青名茶不加花香，品质也很优异，如黄山毛峰、太平猴魁、舒城小兰花、敬亭绿雪、天山绿茶等。

晒青，是采取在日光下晒干的方式进行干燥的。晒青绿茶品质不及炒青、烘青绿茶，主要就地销售，部分为加工紧压茶的原料。晒青绿茶因产地不同，又分滇青、川青、黔青、桂青、鄂青、陕青等。

用蒸汽杀青来制造绿茶是我国古代一种制茶方法，《茶经》中曾有记述。唐宋发明炒青制法以后，逐渐受到欢迎。中国自明代起，蒸青制法遂为炒青制法所取代，近代除个别地区保留蒸青制法外，全部采用炒青制法。

蒸青绿茶要求具有"三绿"的品质特征，即干茶、茶汤、叶底的色泽都保持绿翠。但蒸青绿茶香气沉闷，并带有青气，涩味较重，不如炒青鲜爽。

目前我国生产的蒸青绿茶仅玉露茶和煎茶两种，数量不多。

(1) 玉露茶，产于湖北省恩施。

(2) 煎茶，产于台湾、浙江、安徽、福建、江西等。

第二节　红　茶

红茶，干茶外形色泽乌褐，冲泡以后，茶汤和叶底都呈红色,因此得名。红茶的英文译名称为"Black Tea",意思是黑茶。这是仅从红茶外表的颜色而译名的,不能反映红茶的品质特征,不过沿用已久,已成习惯。红茶的品质特征是红汤红叶。

红茶是发酵茶,其制法分萎凋、揉捻、发酵、干燥四个工序。采回的鲜叶(新萌发出的一芽二三叶),通过低温萎凋,促进酶活性和多酚类化合物氧化,然后再经过揉捻(或揉切)、发酵、干燥等道工序,形成红茶所要求的红汤红叶、香甜味醇的品质特征。

红茶是由小种红茶发展起来的。福建省崇安县首创小种红茶,18 世纪中叶,又在小种红茶制法的基础上,发明了功夫红茶的制法,亦发祥于福建,相继传入湖南、安徽、江西、湖北等地。19 世纪 70 年代,创制"祁红",风靡世界。19 世纪 80 年代,印度在中国功夫红茶制法的基础上,发展成为分级红茶,20 世纪 20 年代继而演变为红茶碎茶,以颗粒红茶为主。

红茶按制法不同,可分为小种红茶、功夫红花、红碎茶三类。

小种红茶,是福建省的特产,原产于福建省崇安县星村桐木关。桐木关高雾多,做茶时萎凋困难,故在室内烧当地出产的松柴进行加温萎凋,致使做成的红茶带有松烟香,遂成为当地所产的小种红茶的品质风格。

小种红茶是生产历史最早的一种红茶,1610 年荷兰商人第一次运销欧洲的红茶就是福建的星村小种。

小种红茶以福建崇安县星村桐木关所产的品质最佳，称为正山小种，或星村小种。星村附近地区亦产小种红茶，称为假小种。福建省政和、福安、邵武、光泽等县用功夫红茶筛制中的筛面茶切细熏烟，制成小种红茶，称为烟小种，或功夫小种。

小种红茶的加工特点，是在萎凋和干燥过程中，要用松柴熏焙，使茶叶吸收大量松烟，促进芳香物质散发，以致成品茶具有浓厚而纯正的松烟香气和类似桂圆汤的滋味，鲜爽活泼。

小种红茶因产地不同，又分崇安正山小种、福安坦洋功夫小种、政和功夫小种等品类。

功夫红茶，由于初精制过程中加工十分精细，下的工夫很深，故名功夫红茶。初制过程中，要求保持芽叶完整，条索紧结；精制中，更是精细筛选，反复拣剔，合理拼配，可见制茶功夫之深。

19 世纪 80 年代，中国茶叶占世界茶叶市场的统治地位，1886 年中国出口的茶叶达 260 万担，占当时世界茶叶总贸易量的 70％以上。当时中国出口的茶叶则是以功夫红茶为主的。

功夫红茶的传统产区分布于福建、湖南、安徽、湖北、江西等地。20 世纪 20 年代，台湾省因乌龙茶受到国际市场红茶的冲击，转而发展红茶。后来，云南、浙江、四川、贵州、江苏、广东、广西等地也陆续改制或发展功夫红茶。

功夫红茶的品质特征是外形条索紧细匀直，色泽乌润；

汤色、叶底红亮，香气高锐馥郁，滋味鲜醇。因产地不同，形成不同的品质风格，依产地分为祁红、滇红、宁红、宜红、湘红、川红、越红等，其中以祁红、滇红最优异。

祁红

产于安徽省祁门、黟县、石台、东至、贵池等县，属于高香茶，最富盛誉。条索紧细，锋苗秀丽，香高带蜜糖香或苹果香，号称"祁门香"。

滇红

产于云南省风广、渤海、云县、临沧等县。条索肥壮重实，金黄毫显露，香气高锐，带焦糖香，滋味浓厚，刺激性强。

红碎茶，又称分级红茶，也有称作碎红茶、切细红茶或红细茶的，是目前世界上产量最多、销量最大的一种红茶。在所有茶类中，红碎茶历史最短，20世纪20年代中期才开始见诸生产，但发展很快，二三十年时间，就风靡世界，在国际市场上占茶总销量90%以上。中国在20世纪60年代起开始生产红碎茶，云南、广东、广西、四川、贵州、福建、湖南、浙江、江苏、湖北等地都有生产，主要产区分布于滇、粤、桂、川、黔、湘等地。

中国的红碎茶按茶树品种来分，有大叶种红碎茶和中小叶种红碎茶两类。

大叶种红碎茶品质优异，香味具有浓、强、鲜的特点，刺激性强，汤色红艳，叶底红亮，符合国际市场上的需要，创汇高。云南、广东、广西等热带和南亚热带地区是主要产区。

中小叶种红碎茶一般品质不及大叶种红碎茶，滋味浓强鲜不够，叶底不够红亮，但有此优良品种，香气甚高，为大叶种所不及。中小叶种红碎茶的产区主要分布于湖南、四川、贵州、浙江、江苏等省。

所有红碎茶按外形和内质的差别，分为叶茶、碎茶、片茶、末茶四个品类。

叶茶

呈条索型，不含碎片和末茶，色泽乌润，金黄毫显露。按老嫩程度和色泽枯润，又分为两个型号，一号相当于花橙黄白毫，简称 F.O.P.；二号相当于橙黄白毫，简称 O.P.。

碎茶

呈颗粒型，不含长条、片茶和末茶，色泽鲜润，香气鲜爽，滋味浓强，汤色红艳，叶底红亮，金黄毫显露。按老嫩、颗粒粗细、色泽枯润等，又分为花碎橙黄白毫，相当于 F.B.O.P.；碎橙黄白毫，相当于 B.O.P.；砰白毫，相当于 B.P. 等花色。

片茶

呈屑片型，不含茶末，色乌润，香气纯和，汤色尚红亮。按片身老嫩、大小、轻重、色泽枯润等，分成不同的花色，质量较好的碎橙黄毫片，相当于 B.O.P.F.。

末茶

呈砂粒型，不含粉灰及夹杂物，色马或梢带灰黄，香味尚浓爽。

第三节　乌龙茶

乌龙茶，在茶叶分类上属于青茶类。它的外形与绿茶和红茶相比，比较粗大，不具诱人的外观，可是却富有沁人心脾的芬芳和令人欲醉的滋味。乌龙茶的香气馥郁，芬芳持久，其滋味浓醇鲜爽，甘醇可口，回味无穷。一杯在手，它那特有的芳香，会使你立即进入"舌根未得天真味，鼻观先闻圣妙香"的境界。当你呷下几口，当会满口生津，舌有余甘，令你拍案叫绝。

清代袁枚在《随园食单》中，对其在领略到乌龙茶真趣之后的感受曾有一段生动的描写。袁枚写道："余向不喜武夷茶（属乌龙茶），嫌其浓苦如饮药。然丙午秋，余游武夷山，到曼亭峰天游寺诸处，僧道争以茶献。杯小如胡桃，壶小如香橼，每天斟一两，上口不忍遽咽。先嗅其香，再试其味，徐徐咀嚼而体贴之，果然清芳扑鼻，舌有余甘。一杯之后，再试一二杯，令人释躁平矜，怡情悦性，始觉龙井虽清而味薄矣，阳羡虽佳而韵逊矣，颇有玉与水晶品格不同之故。故武夷享天下盛名，真乃不忝，且可以沦至三次而其味犹未尽。"初次品尝乌龙茶的人都会有袁枚所描写的经历和感受。品尝茶叶不仅要重外形，更重要的是要注意内质，领略其真味。再者，不同的茶类有不同的风格有各自所特有的色、香、味、形。乌龙茶的外形较之红、绿茶粗大，正是乌龙茶所要求的品质规格。乌龙茶的品饮方法在所有茶类中也是最为讲究的，从袁枚的描述中，可见一斑。但实际品饮起来还要复杂得多，乌龙茶的品饮艺术是一门很深的学问，非寥寥数言所能尽述的。当人们领略到乌龙茶的真趣，就会被这种我国特有的珍品所征服。

乌龙茶的制法发祥于武夷山。武夷山在福建省西北部的崇多县境内，是中国名山之一，自古以来，就是著名的游览胜地。有 36 峰、99 岩之胜，峰峦叠嶂，怪石嶙峋，溪流纵横。产茶历史悠久，宋代范仲淹谱歌道："溪边奇茗冠天下，武夷仙人自古栽。"早在唐代，武夷茶就享盛名。宋元以来，山上茶事兴盛岩岩有茶，无岩不茶。乌龙茶历史可追溯到明代，清初已见有类似现代乌龙茶制法的记载。

乌龙茶属于半发酵茶，制法独特，采制精工。红、绿茶均以采摘细嫩芽叶为贵，而乌龙茶却不然，必须等新梢长到"驻芽"形成（俗称开面）时（即指新萌发的茶芽展叶抽枝到最后，顶芽变得很小不再展新叶时，此时新梢一般可长出五六片叶子），采卜顶上的二叶至三叶。不可过嫩，过嫩则成茶香气低，味苦涩；也不可过老，过老则滋味淡薄，香气粗劣。乌龙茶浓郁的芳香和甘醇的滋味贵在得自天然，只有当茶树芽叶长到一定的成熟阶段，其内含物质得以充分积累和转化，并通过精湛的炒制工艺，才能引发出来。《武夷山志》载："……岩茶反不甚细，烹之有天然具味。"明代许次纾在《茶疏》中说："清明太早，立夏太迟，谷雨前后，其时适中。若肯再迟一二日期，待其气足完力，香冽尤倍。"意思是说，等茶芽长成一定成熟度的新梢再采摘，香气倍增。乌龙茶的采摘标准正符这个规律。

乌龙茶的焙制工艺复杂，工序甚多。鲜叶进厂后，其制法分晒青→晾青→做青（包括摇青和做手）→炒青→初揉→复炒→复揉→走水焙→簸扇→摊凉→拣剔→复焙→烘干→（制成毛茶）→簸拣→补火→（成品）等道工序。看到所列的十几道工序名称，读者或许已感到乌龙茶的制茶工艺够复杂的了。可是，实际制茶操作过程更是复杂万状，变化多端，令人惊奇。

一般茶叶最忌日晒，而乌龙茶的制造中首道工序就是晒青，一定要把采回的鲜叶摊在太阳下利用日光曝晒，也就是相当于制茶术语所说的"日光萎凋"。这个过程对乌龙茶香型的形成和能否产生醇厚的滋味关系致密。鲜叶通过日光曝晒，可蒸发部分水分，叶质变软，引起叶中所含的多种芳香物质起化学变化，青臭气散发，而茶叶的清香外溢。清代初期，福建崇安县令陆廷灿在所撰的《续茶经》中曾说："凡茶见日则夺味，惟武夷茶喜日晒。"晒青和晾青是乌龙茶的萎凋过程，非常重要。因此，制造乌龙茶必须选择晴朗的好天气，这历来为乌龙茶制茶师所重视。清代释超全在所作的《武夷茶歌》中曾写道："凡茶之候视天时，最喜晴天北风吹，若遭阴雨风南来，香气顿减淡无味。"据研究，乌龙茶区春天起北风则天晴，起南风则阴雨。直到现在，乌龙茶制茶师傅也还在选择好天气做茶，因为遇上阴雨天，就会严重影响茶叶品质，色、香味皆次，故乌龙茶不仅要看茶做茶，还要看天做茶。

做青是使乌龙茶形成"绿叶红镶边"的特殊功夫，也是形成乌龙茶品质风格的重要环节，技术性极强，难度大，非经多年训练者是无从动手的。做青是一个继续萎凋和发酵相结合的过程，一方面促使多酚类化合物氧化，一方面又要限制其化学变化的速度，使茶叶中内含物质缓慢进行转化和积累。因此，做青过程中，采取摇青和晾青相结合的方式，摇摇停停，反复萎凋还阳而达到半发酵的程度。摇青的手法非常巧妙，运用特殊的手势，使水筛上的晾青叶作圆周旋转和上下跳动，让叶与叶、叶与筛面碰撞摩擦，引起叶缘细胞的损伤，发生局部氧化，使叶缘发酵变红。摇摇晾晾，反复七八次，逐步形成"红镶边"，而叶片中部分又不至撞伤而发酵，仍然保持绿色，使整个叶片形成"绿叶红镶边"，达到"三分红七分绿"。此时，取出一二片做青叶在亮处观察，只见叶脉透明，叶面青绿亮黄，叶缘朱砂红，呈"青蒂、绿腹、银朱缘"的"三节叶"，叶片由于叶缘失水较多而收缩成背下凹的"汤匙形"，手触之，柔软如绵，鼻嗅之，幽而清、浓而不浊的兰花香扑鼻。这时制茶师傅当机立断，立即取出投入高温锅中杀青，制止继续发酵，使色香味稳定下来。近年来，茶叶研究单位和生产部门进行乌龙茶做青机械化的研究，取得了可喜成果，但是，操作中还得运用传统的"看青做青"的经验，由富有高超技术经验的制茶师傅来掌握。

乌龙茶的烘焙技术也十分考究。《武夷茶歌》中曾有一段描述："如梅斯馥兰斯馨，大抵烘焙候香气，鼎中笼上炉火红，心专手敏细功夫。"诗中讲到，烘焙得法，可以提高乌龙茶如梅似兰的香气，但要心专手敏，适时调节火温，细心地翻拌。乌龙茶特别是武夷岩茶，烘焙过程大不同于一般茶的干燥，烘焙的工序道数多，技术要求高。这里不妨简略地介绍一下武夷岩茶的烘焙过程，乌龙茶的制茶技术之考究也就可见一斑。第一道是"走水焙"，在一个比较密闭的烘间内，备有不同温度（90～120℃）的焙窟，采取流水作业法使复揉叶经历高、低、高不同温度的烘焙，整个过程十几分钟，速度快，工作紧张，故又称"抢水焙"，焙到六七成干即下焙，簸扇去片末，然后摊凉五六小时，以增进后熟作用，使滋味醇和，色泽砂黄而油润。再经拣剔后进行复火，约焙一至两个半小时，再改用"文火慢炖"，最后趁热装箱。乌龙茶的干燥程度比其他茶类要求都高，含水量只有2％～3％，最高不能超过4％。乌龙茶能够久藏不坏，就是因为焙得熟，干度高，耐贮藏。而且在良好的贮藏条件下，还能"香久益清，味久益醇"。

乌龙茶的整个制造过程都要实行"看茶做茶"，特别强调根据香气的变化来掌握各工序进程，释超全的《武夷茶歌》中说"大抵烘焙候香气"，倒可以改成"整个焙制候香气"。这种以香气变化作为制茶工艺的依据是非常之科学，其技术高超，奥妙无穷。乌龙茶的焙制过程不但技术性强，而且也相当辛苦："种茶辛苦甚种田，耕锄采摘与烘焙，楮雨届期处处忙，两旬画夜眠餐废。"

乌龙茶的品质特征是：外形条索粗壮，色泽青灰有光，香气馥郁芬芳，汤色清澈金黄，滋味浓醇鲜爽，叶底绿叶红镶边。各地所产的乌龙茶又因品种、产地、制工不同，各具风格。

乌龙茶的产地分布于福建、广东和台湾三省，近年江西、湖南也有少量出产。因产地不同，以及品种、制茶工艺上的差异，可概括地分为福建乌龙茶、广东乌龙茶、台湾乌龙茶。

福建是乌龙茶的故乡，也是乌龙茶的主要产区。由于茶树品种丰富，生态条件优越，采制技术精湛，囊括了乌龙茶优质高产的三要素，以致产量最多，品质优异。

目前乌龙茶区已扩展到闽北、闽南的很多县，但商品茶生产主要集中在闽北乌龙茶区的崇安、建瓯、建阳，闽南乌龙茶区的安溪、永春等县，为外销乌龙茶的商品基地。

福建乌龙茶花色品种繁多，兹择主要几种略作介绍。

武夷岩茶

产于武夷山正岩的乌龙茶称为武夷岩茶，素有"臻山川精英秀气所钟，品具央骨花香之胜"的声誉，并享有"活、甘、清、香"四绝之称。清代梁章钜在《归田琐记》中备加称赞："其味甘泽而气馥郁，去绿茶之苦，乏红茶之涩，性和不寒，久藏不坏，香久益清，味久益醇。"岩茶带有兰花香，具有特殊的"岩韵"，味醇回甘，润滑爽口。岩茶的品目众多，著名者有武夷水仙、奇种、肉桂以及名槽等。

铁观音

原产于安溪县，用茶树优良品种铁观音的鲜叶制成。

近代闽南部分县市也有引种推广，但品质不及安溪。

铁观音茶，条索圆结匀净，名呈螺旋形，身骨重，色泽砂绿青润，青腹绿带，俗称香蕉色，素有"美如观音（菩萨）重似铁"之称。香气清高馥郁，滋味醇厚甜鲜，入口不久，立即转甘，具有一种特殊风韵，称为"观音韵"（简称"音韵"），蜜底甜香，回味无穷。叶底开展，肥厚柔软而明亮。由于香郁味厚，耐冲泡，故铁观音有"绿叶红镶边，七泡有余香"之誉。

水仙

主要产于建瓯、建阳、崇安以及永春等县，用茶树优良品种水仙的鲜叶制成。因产地不同，分武夷水仙、闽北水仙、闽南水仙。

武夷水仙，外形肥壮，色泽绿褐油润而带有宝光，香气浓郁清长，带特有的兰花香，汤色浓艳呈深橙黄色，滋味浓厚醇和，喉韵明显回甘鲜爽，耐冲泡，叶底软亮，叶缘红点鲜明。

闽北水仙，主要产于建瓯、建阳。外形肥厚，鲜爽回甘，汤色橙黄，叶底匀整。

闽南水仙，主要产于永春。外形较闽北水仙紧结，香气馥郁，滋味浓厚。

肉桂

产于武夷山，用茶树优良品种肉桂种的鲜叶制成。外形紧结，色泽青褐鲜润，香气高锐而长，带有明显的桂皮香。品质优异者，带孔香，滋味鲜滑甘润，汤色橙黄清澈，叶底黄亮，红点明显。味不耐泡，而香气久泡犹存。

奇种

产于武夷山一带，用茶树品种菜茶的鲜叶制成。外形紧结匀整，色泽铁青带褐，较油润，有天然花香，细而含蓄，滋味醇厚甘爽，喉韵较显，汤色橙黄清明，叶底欠匀净。

色种

产于安溪及闽南茶区，用毛蟹、梅占等茶树优良品种鲜叶制作拼配而成。外形紧结，香气馥郁，滋味醇和，汤色橙黄，叶底明亮。

乌龙

主要产于安溪及闽南茶区，用茶树优良品种乌龙种的鲜叶制成。外形细紧，色泽青褐，香气细长，滋味醇和。

佛手

产于永春及闽南茶区，用茶树优良品种佛手种（又名香橼种、雪梨种）的鲁叶制作。外形肥壮，曲皱重实，色泽褐绿鲜润，叶背沙粒明显，香浓而清，带雪梨香，滋味浓厚甘润，汤色深橙黄泛红，叶底粗大黄亮。

饶平色种

用梅占、茗花、奇兰等品种的鲜叶制成的乌龙茶，统称为色种，不分品种命名，主要是每个品种种植数量不多。饶平色种以梅占品种占多数。条索紧结秀匀，色泽砂绿鲜润，香气清细有花香，滋味醇厚鲜爽，汤色橙黄清澈，叶底匀亮开展，叶缘银朱色，叶腹浅黄。

第四节　花　茶

花茶是中国独有的一种茶类,它是用高洁清香的鲜花窨制茶叶而成的。茶引花香,相得益彰,别具风韵,所以有"茶味花香融为一体,二美兼备味更佳"的赞美。花开花落应有时,春天也不能常在,可是中国人的聪明才智使香花的高洁清香为茶叶所吸收,让花的芬芳贮于茶中,常留人间,真是巧夺天工,驻香有术。如今,只要冲泡一杯花茶,就可随时带来香花的芬芳,使人们沉浸在繁花似锦的春天,真是花开何必愁花谢,茶引花香春常在。

花茶的历史可追溯到宋代。北宋蔡襄在《茶录》中就有记载:"入贡者微以龙脑和膏,欲助其香。"即以一种叫"龙脑"的香料,加入龙凤茶(即饼茶),以助茶香,进贡皇帝。到了明代,茶引花香,增益茶味,其熏香茶法已见诸记载。明代朱权在《茶谱》中指出,"熏香茶法,百花有香者皆可,当花盛开时,以纸糊竹笼两隔,上层置茶,下层置花,宜密封固。经宿开换旧花,如此数日,其茶自有香味可爱。有不用花,用龙脑熏者亦可。"明代钱椿年编、顾元庆删校的《花谱》中更为具体地介绍了可作熏香茶的香花,说:"木樨、茉莉、玫瑰、蔷薇、兰蕙、橘花、栀子、木香、梅花皆可作茶。诸花开时,摘半含半放蕊之香气全者,量其茶叶多少,摘花为茶。花多者太香而脱茶韵,花少者则不香而不尽美。"并指出,三份茶叶一份花最为适宜。用瓷罐按一层茶叶一层花装至满,使茶吸花香,然后用纸包好放在火上烤焙至干收用。

花茶较为大量的生产是在清代咸丰（1851—1861 年）年间。到了 1875 年前后，花茶生产已较普遍。据记载，仅福州生产的花茶达到 3 万多担，至 1928—1937 年，年产花茶在 10 万担以上。

最早的花茶窨制中心是在福州。清代咸丰年间，福州的长乐帮茶号生成、大生福、李祥春等窨制的花茶远销华北市场，甚受欢迎，销路不断扩大，于是，其他茶商竞相仿效，扩大花茶生产。

花茶的加工过程复杂，它是由茶和花两种原料加工而成的。所用的茶称为茶坯，主要是烘青绿茶，还有大方、乌龙茶、红茶等毛茶（即半成品茶）。花则用新鲜的鲜花，其开放程度又因花种不同而有不同的要求。茶为干体，而花为湿体，一干一湿，加工工艺自然也就复杂化了。

花茶窨制过程是通过鲜花吐香，茶坯吸香，一吐一吸，达到茶味和花香融为一体，使之既有芬芳清雅的花香，又有醇厚甘美的茶味。这个加工过程既有物理吸附，又同时伴随着化学变化，奥妙非常。茶为什么能吸香，鲜花为何吐香，也许人们在品尝花茶时会想到这类问题，其中寓有一番科学道理。

据研究，茶叶中含烯萜类和棕榈酸等化学物质，它们是一种具有吸附异气味能力较强的物质。茶坯与鲜花层叠地堆在一起，就能将香花吐出的香气分子吸附到茶叶的组织内，而且能在吸得后保持，虽经复火烘干，也不致消失。

茶坯的吸香能力因棕榈酸含量高低而异，高级茶中，棕榈酸含量较多，故吸附香气的能力也较强。茶坯吸附香气，是通过香花中的水分子作为载体，将香气吸附的。茶坯愈干燥，茶与花的水分级差越大，传递性越好，吸香能力也就强。所以茶坯要达到一定的干燥程度（4%～5%之间）。茶坯吸附香气，也依靠其存在空隙的毛细管作用。茶坯本身疏松而多空隙，有较大的空隙表面，便于大量吸附气体。

鲜花的吐香是由于鲜花内的香精油的形成和挥发的结果。各种鲜花香精油的形成和挥发特性不同，一般又分为"气质花"和"体质花"两类。"气质花"要开花时才香，不开放则不香，开完以后也不香。茉莉花就属于"气质花"，它的香精油是随着鲜花的开放而不断形成和挥发的。"体质花"是不开也香，开时和开完后也还香。如玉兰、珠兰、玳玳花等，都属于"体质花"，其香精油是以游离状态存在于花瓣中。要使"气质花"充分吐香，必须通过调节温度，使花朵处于含苞欲放状态，故窨茶前，需要进行鲜花处理。"体质花"在窨制前就不需要采取促进鲜花开放的措施。

花茶的窨制过程，一般要通过茶坯处理、鲜花处理、窨花拼和、通花散热、起花、复火、提花或转窨、匀堆装箱等工序。不同种的鲜花，窨制的流程虽有所不同，但大同小异。

花茶又称熏花茶、香花茶，中国北方及港澳地区也称花茶为香片。依窨制时所用的花类，分为茉莉花茶、珠兰花茶、白兰花茶、玳玳花茶、柚子花茶、玫瑰花茶、桂花花茶等，其中以茉莉、珠兰、白兰花茶较为普遍，以茉莉花茶数量最多，品质亦最优。各种花茶又因窨制时所用茶坯不同，分为茉莉烘青、茉莉大方、茉莉炒青、茉莉乌龙、茉莉龙井、珠兰烘青、珠兰大方、玫瑰红茶等等。高级花茶又因下花量和窨花次数，分为一窨、二窨、三窨，并按级别加以区别，如一级三窨茉莉烘青等。

茉莉花茶，香味馥郁芬芳，鲜灵甘美。

珠兰花茶，香味馥郁清雅，鲜纯爽口。

白兰花茶，香味浓厚强烈，后觉甘厚。

玳玳花茶，香味厚香气重，余味浓烈。玳玳花本身性温和，是一种良好的暖胃剂。

柚子花茶，香味清香纯正，回味略涩。

第五节 紧压茶

紧压茶是指将制好的黑茶、老青茶等的毛茶再进行蒸压、干燥，塑造成各种形状的成品茶，或压装成篓装茶的成品茶，这类茶主要是为了适应边区民族的需要而生产的，所以也称为"边销茶"。

中国西北边区为辽阔的高原或草原，气候寒冷干燥，不利农业的发展，畜牧业发达，日常食品中乳肉类所占的比重很大，因此边区的藏族、蒙古族、维吾尔族等民族向有"嗜乳酪，不得茶，则困以病"的经验，把茶当做日常生活中不可缺少的饮料，"一日无茶则滞，三日无茶则病"

"宁可一日无粮，不可一日无茶"。由于食物结构和气候的关系，茶不仅对于当地人，就是到边疆工作的外地人来说，也都是"一日不可无此君"。茶产于中国南方，距离边疆遥远，古时交通不便，靠"马帮""牛帮"运输，途中需要经历很长时间，几经辗转，甚至达一年以上。为了适应长途运输的需要，压缩体积，茶人发明了砖茶、篓装茶等紧压茶，既便于装驮运输，又有利于保证茶叶品质，使之经久不坏。

茶叶作为商品销往中国西北边疆，唐代就有记载。唐太宗贞观十五年（641年），文成公主与藏王松赞干布联姻时，就将茶叶带入西藏。唐代有的茶区称茶为"榌"，藏语读茶字，至今仍沿用"榌"音。唐代李肇在《唐国补史》（825年）中说："常鲁公出使西番，烹茶帐中，赞普问曰：此为何物？鲁公曰：涤烦疗渴，所谓茶也。赞普曰：我此亦有，遂命出之。以指曰：此寿州者、此舒州者、此顾渚者、此蕲门者……"可见1000多年前，安徽、浙江、湖北等地的名茶已销往中国西北地区。

紧压茶的种类很多，按毛茶制法特点不同，可分为湖南黑茶、湖北老青茶、四川南边茶、四川西边茶、云南紧压茶、广西六堡茶等。按压造成形的形状和装压的方式来分，又有篓装茶、砖茶、紧茶、方茶、饼茶、沱茶等等，形状多端，颇饶风趣。

湖南黑茶原产于湖南安化县，因而早年都称为安化黑茶。过去集中于安化生产，现产区扩大到益阳、临湘、汉寿等县。黑茶最初产于四川，起源于 11 世纪前后。当时四川绿茶销往西北边疆，为便于长途运输，压缩体积，做色蒸压成团块茶。16 世纪以后，在四川黑茶的基础上，发展成为安化黑茶。安化黑茶是用鲜叶直接加工而成黑茶毛茶的。到 16 世纪末期，四川黑茶已为安化黑茶所代替。

安化黑茶成品历史上有天尖、贡尖、生尖、花卷、黑砖等花色。天、贡、生三尖为黑茶的上品，清道光年间，天、贡二尖曾列为贡品。

湖南黑茶的制法分初制和压造两个过程。鲜叶经过杀青、初揉、渥堆、复揉、干燥五道工序，而制成黑毛茶；黑毛茶再经过筛分、汽蒸、压制、干燥等工序，加工成成品茶。黑茶的成品茶分为砖块形和篓装形两类，砖块形的茶又有：黑砖茶、花砖茶、特制茯砖茶和普通茯砖茶；篓装形的又有：湘尖一号、湘尖二号、湘尖三号。

黑砖茶

长方块形，大小规格 35cm×18cm×3.5cm，黑褐色，每块重 2kg。香气纯正，滋味浓厚微涩，汤色红黄微暗，叶底暗褐，老嫩欠匀。

花砖茶

由花卷茶改制而成。历史上的花卷茶 36kg，折合中国老秤正为 1 000 两，故又名"千两茶"，系采用优质黑茶精工细制，品质优异。长方块形，正面边有花纹，大小规格 35cm×18cm×3.5cm，黑褐色，每块 2kg。香气纯正，滋味浓厚微涩，汤色红黄，叶底老嫩匀称。

茯砖茶

大约创制于 1860 年前后，当时用安化黑毛茶踩成篾篓大包，每包 90kg，运往陕西泾阳筑制茯砖，早期称"湖茶"，因系伏天加工而成的，俗称"伏茶"。50 年代初起，改在湖南安化就地加工。形状长方块形，大小规格 35cm×18cm×3.5cm，每块 2kg。特制茯砖为黑褐色，普通茯砖为黄褐色。香气纯正，滋味纯厚，汤色红黄。叶底黑褐，普通茯砖粗老，特制茯砖尚匀。

湘尖

为篓装，大小规格 58cm×35cm×50cm，每件一号为100kg，二号、三号为 90kg。干茶黑褐色，香气清纯带松烟香，汤色橙黄，滋味浓厚，叶底黄褐尚嫩。

湖北老青茶是压制成砖形的，故名老青砖茶，又名洞砖、川字茶，现在商品名称为湖北青砖茶。大约在 1890 年前后，由红茶改制而成，产地分布于湖北蒲圻、崇阳、通山、咸宁、通城以及湖南临湘等地。1900 年山西茶商在湖北蒲圻羊楼洞设壮收制。

历史上老青砖茶成品以每箱砖茶块数来命名，分为"二七""三九"（每块都是 2kg）"二四"（每块 3.25kg）"三六"（每块 1.5kg）四种规格。20 世纪 50 年代以后，统一规格，只生产"二七"青砖。

青砖茶的制法分初制和压造两个过程。初制又分面茶和里茶，面茶鲜叶经过杀青、初揉、复炒、复揉、渥堆、干燥；里茶鲜叶经过杀青、揉捻、渥堆、干燥，制成老青

46

毛茶。老青毛茶再经过筛分、蒸压、干燥、包装等工序，制成青砖茶。

青砖茶形状长方块砖形，大小规格 34cm×17cm×4cm，每块 4kg，每箱二七块。色青褐，香气纯正无青气，滋味纯正，汤色深黄稍亮，叶底暗褐呈猪肝色，粗老。

清代乾隆年间，规定四川雅安、天全、荥经等地所产的边茶专销安康、西藏，称为南路边茶，简称南边茶。主要产区为四川的雅安、沐川、马边、荥经、盐津以及云南的昭通。

南路边茶是以较粗老的鲜枝叶所制的毛茶，再进行压造而成的，主要销西藏、青海和四川甘孜。

南路边茶的制法分初制和压造两个过程。鲜枝叶经过杀青、渥堆、蒸茶、揉捻、干燥（传统制法以太阳晒干）等道工序制成毛茶，然后经过分筛、蒸压等工序，压制成型。南路边茶分康砖和金尖两个花色。

康砖

形状圆角长方形砖块状，2.5kg，色深褐，香气纯正，滋味醇正，汤色黄红，叶底棕褐花暗，较粗老。品质较金尖为好。

金尖

形状椭圆枕柱形，0.5kg，色棕褐，香气平和带油香，滋味醇正，汤色棕红，叶底暗褐粗老。

清代乾隆年间，规定四川灌县、重庆、大邑等所产边茶销川西松潘、理县等地，称为西路边茶，简称西边茶。

主要产区在四川平武、灌县。

西路边茶是用粗老的鲜枝叶经加工而成的，包括茯砖和方包茶两种，主销四川阿坝藏族及青海、甘肃、新疆等地。

茯砖

以老叶或修剪枝叶做原料，杀青后直接干燥，再经过毛茶整理、筑砖、发花干燥等工序，制成砖块形。砖形完整，松紧适度，黄褐色显金花，香气纯正，滋味醇和，汤色红亮，叶底棕褐色，含梗 20% 左右。

方包茶

采割一二年生枝条和老叶，晒干后作为主要配料，然后经过切铡、筛分、蒸茶、渥堆、筑制（包括称茶、炒制、筑包）、烧包和晾包等工序而制成。因茶叶是筑压在一个特制的方形篾包内而得名。篾包方正，四角稍紧，每包重三五公斤。干茶色泽黄褐，梗多叶少，含梗量 60%。稍带烟焦气，滋味醇正，汤色红黄，叶底黄褐粗老。

云南紧压茶是用晒青毛茶（即滇青）和粗老茶做原料加工而成。晒青毛茶经过杀青、揉捻和日光晒干等工序制成。粗老茶指修剪枝叶或粗老枝叶，经闷炒、趁热揉捻、渥堆过夜、复揉、晒干而制成毛茶。历史上云南紧压茶以紧茶、饼茶、方茶、圆茶著称。

云南紧压茶销路广，因消费者饮用习惯不同，有各种花色，其对毛茶的要求也不一。边销紧压茶较粗老，允许有一定的含梗量。内销、侨销和外销的方茶、普洱散茶，则以较细嫩的滇青作主要配料。毛茶经过拼配、切细筛分、半成品拼配、蒸压、干燥等工序，压制成各种形状的成品茶。

紧茶

形状原为有柄的心脏形，现改为砖形。大小规格 14cm×9cm×2cm，0.25kg。色乌黑，香气纯正带粗气，滋味醇和尚厚，汤色黄红，叶底粗嫩不匀。

饼茶

形状饼形，大小规格直径 11.6cm，边厚 1.3cm，中心厚 1.6cm，0.25kg。色泽灰黄，香气纯正，滋味浓厚微涩，汤色黄明，叶底花杂细碎。

方茶

形状正方形，大小规格 10cm×10cm×2.2cm，每块 0.25kg。色泽灰黄，香气纯正，滋味浓厚微涩，汤色黄明，叶底花杂细碎。

圆茶

形状圆饼形，大小规格直径 20cm，中心厚 2.5cm，边厚 1.3cm，每块 0.7kg。色泽乌润，香气清纯，滋味醇厚带陈，汤色橙黄，叶底尚匀嫩。

六堡茶原产于广西苍梧县六堡乡，因以得名。主要销往港、澳和东南亚各地，深受侨胞欢迎，是一种侨销茶，为海外华侨治病的"便药"，有"越陈越香"的好评。主要产区是广西苍梧和藤县。

六堡茶的制法，第一步将采回的鲜叶当天进行杀青、揉捻、渥堆、复揉、明火烘焙等工序制成毛茶。第二步将毛茶进行筛分、拣剔、拼配、初蒸渥堆、复蒸包装、晾置与陈化等工序而成为成品茶。

六堡茶是篓装紧压茶，入篓压实晾置六七天后，进仓堆放在阴凉潮湿的地方，经半年左右，汤色变得更红浓，产生陈味，形成六堡茶红、浓、醇、陈的特有风格。以茶面显出"金花"（即金黄色的"黄霉菌"）为品质最佳。因黄霉菌能分泌多种酶，使茶叶内物质转化，而形成良好的色香味，六堡茶的药效显著亦与之有关。

六堡茶的成品茶紧实地压装在特制的篓内，每篓重 30～50kg。成品茶外形条索粗壮，色泽黑褐油润；香气醇陈，似槟榔香，带有松烟香；滋味甘醇爽口，带有烟味；叶底呈铜褐色。六堡茶以越陈越佳。

在形状多端的紧压茶中，沱茶别具风格，独树一帜。它那造型奇特的外表、香浓味醇的内质、醒酒减肥的疗效，尝得真味者，无不为之倾倒，慕名相索。

沱茶是用较细嫩的晒青毛茶（属于绿茶类）蒸压而成的。外体呈碗臼状，从面上看去，好像是圆面包；从底部看，则似一小臼，就像一用茶叶制成的小碗，颇为有趣。

沱茶原产于云南下关，相传起于明代，是由饼茶演变而来，究其渊源，可以追溯到宋代兴起的龙团茶。以现在沱茶的特色来看，与龙团凤饼茶似有联系。沱茶名称的由来，传说甚多，有的说沱茶历史上都销往四川沱江一带，因此得名；有的说沱茶古称团茶，沱是由团演化而来；还有的传说，沱茶最初是用穆陀树叶制成，后以茶叶代之，故名沱茶。

古人已知沱茶的药效显著，有"醒酒、消食、清胃生津"的作用。经现代医药界的研究和临床实验，沱茶确有醒酒、解酒、消肥的功效。

沱茶本来仅在云南下关加工，其原料来源主要是产于云南澜沧江流域的晒青绿茶（即滇青）。四川重庆于20世纪50年代开始生产沱茶，现在宜宾、万县、达县、涪陵等地区也有出产。

云南沱茶的原料全部采用云南大叶茶制成的"滇青"。重庆沱茶的原料，则采用晒青茶、烘青茶、四川中小种炒青茶、云南大叶茶的炒青茶等配料。沱茶加工过程，经过原料配制、称料蒸茶、揉袋压模、包装干燥等道工序，压造成固有规格的沱茶成品。

下关沱茶

产于云南下关，形状碗臼状，色泽暗褐油润，香味醇厚紧口，汤色淡黄明亮，叶底匀嫩多毫。每个0.25kg。

重庆沱茶

产于重庆，包括特级沱茶、重庆沱茶、山城沱茶三个花色。大小规格分0.05kg、0.1kg、0.25kg三种，形状碗臼状，0.25kg的，碗臼直径3.3寸；0.1kg，碗臼直径2.5寸；0.05kg的，碗臼直径2寸左右。其品质特色是色泽暗绿黑润，香浓味醇，汤色黄亮。

红砖茶又名米砖茶。其原料来自全国各地的红茶片末及部分毛茶，集中于湖北赵李桥茶厂压制。

米砖的加工过程，经过称料、汽蒸、装匣、紧压、定型、退砖、捻砖、干燥、包装等工序。

米砖不仅供边销，也有内销。目前生产的称为"四八"砖，即每篓装砖四八片。每片砖的规格为长 23.7cm，宽 18.7cm，厚 2cm，1.125kg。砖面色泽乌黑油润，砖形四角平整，表面光滑；内质香气纯和，汤色红浓不浊，滋味浓厚，叶底红暗均匀。

第六节　白茶、黄茶及其他

茶类的产生和演变经历了一个漫长的历史过程，随着人们对茶叶性质的认识不断深入、社会需要的不断变化、茶叶生产技术的不断发展，新的茶类和花色品种必然不断出现，而且层出不穷，时时在刷新。中国生产的茶类除了大宗的绿茶、红茶、乌龙茶、花茶和紧压茶之外，还有白茶、黄茶、速溶茶及其他茶叶的复合制品。

白茶是我国福建省的特产。其制法特别，传统制法是采下的新鲜芽叶晾晒至干，不炒不揉，芽叶完整，密被白毫，色白如银，故称白茶。制茶过程中，主要靠晾晒和风干，节省能源，节约劳力，加之茶性清凉，有退热降火之疗效，在当今能源昂贵和污染充斥的时代，白茶倒是值得提倡生产和饮用的一种上好茶类。目前仅福建省的福鼎、政和、松溪、建阳等县有生产，产量不多，年产不过万担。

北宋时代问世的《东溪试茶录》《大观茶论》等著作

中，都记述有白茶。但当时所谓的白茶仅指茶树品种，乃白叶茶树也。《东溪试茶录》载："一曰白叶茶，民间大重，出于近岁，园焙时有之，地不以山川远近，发不以社之先后，芽叶如纸，民间以为茶瑞，取其第一者为门茶。"《大观茶论》中说："白茶自为一种，与常茶不同，其条敷阐，其叶莹薄，崖林之间，偶然生出，虽非人务所可致，有者不过四五家，生者不过一二株。"这些记载都说的是一种在春天长出乳白色芽叶茶树，属于一种生理变异，非人力所能培育得出来的。如今在某些茶园，偶然也可发现。

现在所公认的白茶是指用特殊的制茶方法而制成的白茶。白茶原产于福建福鼎，清代嘉庆初年已见白茶生产的记载。

白茶生产很强调茶树品种和采摘。供采制白茶的茶树品种为：福鼎大白茶、政和大白茶、水仙、菜茶。因采摘标准和茶树品种不同，分银针、白牡丹、贡眉、寿眉四个花色。采自福鼎大白茶、政和大白茶或水仙茶树品种新发出的肥壮芽头制成的白茶，称为银针；采自政和大白茶、水仙一芽一二叶制成的白茶，称为白牡丹；采自菜茶芽叶制成的白茶，称为贡眉；制银针时"抽针"后剩下的叶片制成的白茶，称为寿眉。

白茶对鲜叶原料要求很严，要求晴天采摘，采下的芽叶要密被茸毛。这样制成的成品茶才能达到绿面白底，即叶背面白毫银亮，叶面黛绿或翠绿色，故有"青天白地"之称。

白茶按初制加工技术，可分为白毫银针和白牡丹两大类。以白毫银针品质最优。

仅用福鼎大白茶、政和大白茶等优良品种的肥壮茶芽制成，也有从采下大白茶或水仙种的一芽一二叶上，进行"抽针"（即将其芽单独摘下抽出来）而制成，形状似针，白毫密被，色白如银，因此得名。制法很简单，将采回的茶芽薄摊于筛内，置微弱阳光下摊晒到七八成干，再移至烈日下晒至足干。也有将茶叶直接置太阳下曝晒至八九成干，再用文火烘焙至足干。

北路银针

产于福鼎，外形优美，香气清鲜，毫味浓，滋味清鲜。

南路银针

产于政和，外形光泽较差，香气清芬，滋味浓厚。

包括白牡丹、贡眉、寿眉等花色，制法是分萎凋和干燥两道工序。各花色所用茶树品种和采摘标准不同，品质亦有差异，以白牡丹品质较优，其次是贡眉，寿眉又次之。

白牡丹

用大白茶和水仙种等优良品种的一芽一二叶制成，外形好像枯萎的花，有"绿叶夹银毫"之称。毫香显，味鲜醇，汤色杏黄，清澈明亮，叶底浅灰，叶脉微红，呈"绿叶红筋"，故有"红装素裹"之称。

贡眉

用菜茶群体品种的一芽二三叶制成。成茶叶色灰绿带黄，高级贡眉微显银毫，香气鲜纯，滋味清甜，汤色黄亮。

寿眉

不带毫芽，色泽灰绿带黄，香气低，味清淡，叶底粗杂。

黄茶的生产历史悠久，唐代就有寿州黄芽，即今安徽霍山黄芽名茶。属于黄茶类的四川蒙顶黄芽、湖南君山银针等名茶历史也很悠久，就是黄茶类的大宗产品——安徽的黄大茶，明代许次纾《茶疏》已有记载："天下名山，必产灵草。江南地暖，故独宜茶，大江南北，则称六安。然六安乃郡名，其实产霍山县之大蜀山地。茶生最多，品名亦振，河南山陕人皆用之。南方谓其能消垢腻，去积滞，亦甚宝爱。顾彼山中不善制法，就于食铛火薪焙炒，未及出釜，业已焦枯，讵堪用哉。兼以竹造巨筍，乘热便贮，虽有绿枝紫筍，辄就萎黄，仅供下食，奚堪品门。"

黄茶制法与绿茶相近，唯在炒制过程中，增加堆放闷黄的工序，一般经过炒茶（包括杀青和揉条）、初烘、堆放、烘焙等工序。因鲜叶原料的老嫩程度，制法亦有精细之别。黄茶的品质特征是黄叶黄汤，香气情况，味厚爽口。

黄茶类包括的花色品种也很多，有的完全用茶芽制成，有的用细嫩的芽叶制成，有的用比较粗大的新梢制成，外形和内质差异明显，各具特色。按照鲜叶原料的老嫩，黄茶可分为黄芽茶、黄小茶和黄大茶三类。

鲜叶原料是采用茶芽或幼嫩的一芽一叶，采摘细致，制工精湛，属于黄茶类的珍品。主要花色品种有君山银针、蒙顶黄芽、霍山黄芽等。

君山银针

产于湖南岳阳君山，完全用春天萌发出的芽头制成。采下的茶芽经过杀青、摊放、初烘、摊放、初包、复烘、摊放、复包、干燥、分级等十道工序，才制成成品茶。外形壮实笔直，密被茸毛，色泽金黄光亮。香气清鲜，汤色杏黄，滋味甜爽。冲泡后，茶芽冲向水面，直挺竖立，继而下沉杯底，状如群笋出土，茶映汤中，颇富情趣。

蒙顶黄芽

产于四川省名山县蒙顶山。采用春天初展的一芽一叶制成。采回的细嫩芽叶经过杀青、初包、复锅、复包、三炒、摊放、四炒、烘焙等工序，才制成成品茶。形状扁直，鲜嫩显毫，色泽金黄，香气浓郁，滋味甘醇，汤黄而碧，叶底嫩黄。

霍山黄芽

产于安徽霍山县，其著名的产地为霍山县大花坪金字山的金鸡当、乌类尖、漫水河、金竹坪等地。鲜叶原料细嫩，采用春天初展的一芽一叶，经过杀青做形、初烘、摊放、足火、摊放、复火等工序而制成。形似雀舌，细嫩多毫，色泽黄绿，香气清高，带熟板栗香，汤色黄绿带黄圈，滋味浓厚鲜醇，叶底嫩黄。

鲜叶原料采用一芽一二叶，嫩度不及黄芽茶。属黄小茶一类的花色品种包括温州黄汤、北港毛尖、沩山毛尖、鹿山毛尖、鹿苑茶、黄小茶等。

温州黄汤

产于浙江平阳、泰顺、瑞安一带。在"清明"前采摘初展的一芽二叶作为鲜叶原料，经杀青揉捻后，不解块直接堆放在竹篓中，使之轻微发酵，等到叶色变成黄绿时，烘焙，即制成成品茶。条索细、白毫多，色泽微黄油润，香气清高，滋味鲜醇，汤色橙黄。

北港毛尖

产于湖南岳阳市郊北港一带。鲜叶细嫩，经过杀青、锅揉、闷黄、复炒、复揉、烘干等工序制成。条索重实卷曲，白毫显露，色泽金黄，香气清高，汤色杏黄，滋味醇厚，耐冲泡。

沩山毛尖

产于湖南宁乡县沩山。沩山海拔高，主峰直立云霄，终年云雾弥漫，人称"千山万山朝沩山，人到沩山不见山"，是宜茶的良乡。鲜叶细嫩，经杀青、闷黄、轻揉、烘焙、拣剔、熏烟等工序而制成。外形叶边微卷成条块状，金毫显露，色泽黄亮油润。内质香气具有浓厚的松烟香，汤色橙黄明亮，滋味甜醇爽口，叶底黄亮嫩匀。

鹿苑茶

产于湖北远安县鹿苑一带。鲜叶细嫩，炒制过程中无明显的揉捻工序，结合炒青在锅内用手揉条塑形，只经过杀青、炒二道、闷堆、炒三道等工序。条索紧结稍曲，白毫显露，色泽金黄，香气清香持久，滋味醇厚甘凉，汤色黄绿明亮，叶底黄绿嫩匀。

鹿苑茶历史悠久，品质优异，清代曾有位高僧为之赞咏道："山精玉液品超群，满碗清香座上熏，不但清心明目好，参禅能伕睡魔军。"

黄大茶

用来制黄大茶的鲜叶原料比较粗大，采摘标准为一芽三四叶或一芽四五叶，主要产于安徽霍山、金寨等县。鲜叶经过炒茶（包括杀青与揉捻）、初烘、堆积、烘焙等工序而制成黄大茶。堆积时间较长，长达5～7天；烘焙的火功足，下烘后趁热踩篓包装，形成黄大茶的大枝大杆、黄色黄汤和高浓清爽的焦香风格。其叶大梗长，梗叶相连，形状好像鱼钩，色泽金黄鲜润，汤色深黄，滋味浓厚耐泡，具有突出的高爽焦香。

安徽黄大茶素为山东沂蒙山区人士所喜爱。

20世纪40年代，在茶叶世界出现了一种冲水即溶、溶后无渣的新型茶叶产品，因为溶解快，故名速溶茶。速溶茶是将成品茶或鲜茶坯中决定色、香、味特征的有效可溶物质用水浸泡抽提出来，然后浓缩干燥而成，故又称萃取茶。由于速溶茶是取茶之精华，去其茶渣，又不失茶味，加上速溶的特点，所以也称之为茶精，犹如糖精、味精。但糖精、味精是化学合成的，而茶精则是天然的茶叶精华，其价值当然珍贵之至，非糖精、味精之类所可比拟。

速溶茶呈颗粒状或片状、粉末状，溶于热水和冷水，冲泡方便，水冲即溶，不留余渣。浓淡自处，也可与奶、果汁、蜜糖等调饮。可以热饮，亦适于冷饮。见之于市场的速溶茶可分两大类，即纯速溶茶和调味速溶茶。因各类速溶茶的溶解性不同，又有热溶速溶茶和冷溶速溶茶之分。

中国生产的速溶茶不仅有国际上流行的产品，而且还有一批具有中国特色的新花色，如速溶姜茶、速溶红果茶、速溶茉莉花茶等等。

随着茶叶的营养价值和药用价值的发掘与利用，近些年来出现了茶叶、茶精与其他中药、果汁等制成的新型保健饮料，如益寿茶、健美茶、柠檬茶、减肥茶、戒烟茶、心脑保健茶等等，层出不穷，方兴未艾，丰富多彩的中国茶苑异彩纷呈。

第四章　中国名茶

　　名茶，顾名思义，在于有名。其所以有名，则由于名茶具有脍炙人口的品质，独具特色的风韵，蜚声遐迩的声誉，以及体现悠久历史文化的掌故。名茶之成名，并为人们之所爱、社会之珍视，是与秀丽的名胜古迹、美妙的神话故事、优良的茶树品种、精湛的制茶工艺、优异的品质风格、名人的诗词歌赋分不开的。

　　一位诗人在鉴赏出自湖南的高桥银峰名茶后吟道："芙蓉国界产新茶，九嶷香风阜万家。"说明名茶一定是声誉遐迩，万家称道。声誉越高，慕名相求的人越多，销市日广。名茶的采制更加精益求精，优异的品质更是锦上添花。因此，"香风阜万家"，迎得"天下醉"。

　　在中国名茶艺苑中，花色品目估计不下 200 种，形形色色，俱显珍奇，各有千秋，令人爱慕。笔者颇费心机地从数十种蜚声甲外的名茶中，挑选出西湖龙井、铁观音、祁红、碧螺春、黄山毛峰、白毫银针、云南普洱、君山银针、蒙顶茶、冻顶茶等十种作为代表，并略作介绍。

第一节　西湖龙井

　　西湖龙井茶因产于杭州西湖山区的龙井而得名。习惯上称为西湖龙井,有时简而化之,索性称这种色香味形别具风格的茶叶为龙井。龙井,既是地名,又是泉名和茶名。龙井茶,向有"色绿、香郁、味甘、形美"四绝之誉。西湖龙井,正是"三名"巧茗,"四绝"佳茗。"龙井茶,真者甘香如兰,幽而不洌,啜之淡然,似乎无味,饮过之后,觉有一种太和之气,弥沦于齿颊之间,此无味之味,乃至味也。有益于人不浅,故能疗疾,其贵如珍,不可多得。"清代陆次云对龙井茶的这个评语,真是探幽入微,淋漓尽致。

龙井茶形状独特,别具一格。形似一碗钉(即旧时补瓷器碗碟所用的钉子的形状,扁形,两头稍尖,中间较宽),扁平挺秀,光滑匀齐,翠绿略黄。泡在透明的玻璃杯中,犹如兰花初绽,嫩匀成朵,一旗一枪,交相辉映,芽芽亭立,栩栩如生,诗情画意,融于一杯;茶汤清澈明亮,碧玉浮面;香馥若兰,香高持久;徐徐品啜,但觉滋味甘鲜之至,难怪古人有"茶之美,莫过于龙井"之赞语。品尝龙井茶,可说是一种艺术享受。不是画,而胜于赏画;不是诗,而胜于吟诗。一杯在手,情趣无穷。西湖龙井真不愧是一种欣赏饮料。

西湖群山,峰峦叠翠,盛产茶叶,历史悠久。唐代陆羽《茶经》中就提到杭州天竺、灵隐二寺产茶。到了宋朝,杭州西湖山区下天竺香林洞产的香林茶、葛岭附近宝云寺产的宝云茶、上天竺白云峰的白云茶、乘云亭产的乘云亭茶已列为贡品。宋代诗人苏东坡一生爱茶,对茶学也有很深的研究，有"欲把西湖比西子""从来佳茗似佳人"之句，还写诗赞美白云茶。诗曰："白云峰下两旗新，腻绿长鲜谷雨春。静试却如湖上雪，对尝兼忆剡中人……"

关于龙井茶，最早见于元代虞集游龙井诗："徘徊龙井上，云气起晴画。澄公爱客至，取水挹幽窦。坐我檐葡中，余香不闻嗅。但见瓢中清，翠影落碧岫。烹煎黄金芽，不取谷雨后，同来二三子，三咽不忍嗽。"到了明代，品赞龙井茶的诗文很多，明代谢肇浙在他所撰的《五杂俎》中，把龙井茶列为当时茶中上品。明代田艺蘅在《煮泉小品》中曾写道："今武林（即今杭州）诸泉，惟龙泓（即今龙井）入品，而茶亦以龙泓山为最。盖兹山深厚高大，佳丽秀越，为南北两山之主，故其泉清寒甘香，雅宜煮茶。……又其上为老龙泓，寒碧倍之。此处所产之茶，为南北山中绝品。"据说乾隆皇帝下江南时，曾到龙井狮峰下的胡公庙品尝龙井茶，饮后赞不绝口，并将庙前 18 棵茶树封为"御茶"。经过茶农世世代代的辛勤培育，精益求精，龙井茶产量不断增加，品质日益改进，如今已是香飘万里，誉满世界。

龙井茶区分布于"春夏秋冬皆好景，雨雪晴阴各显奇"的西湖风景区，山清水秀，景色绮丽。在狮峰山上，梅家坞里，云楼道旁，虎跑泉边，满觉陇中，灵隐寺周围，九溪十八涧沿岸，翠岗起伏，绿树婆娑，一片片茶园碧绿如染，一座座茶山连接云天，为湖山润色。

龙井茶区气候温和，四季分明，雨量充沛，分布均匀。

特别是春茶期间，经常细雨濛濛，漫山遍野，云雾缭绕。茶园土壤肥沃，多为微酸性的砂质土壤，结构疏松，通气透水，有效磷含量较多，有利于茶树生长发育，加上茶园管理科学，精耕细作，采、养、培三者密切结合，以致茶树根深叶茂，常年碧透，萌芽轮次多，采摘季节长，从垂杨新绿，可采到层林尽染。

春分过后，细雨濛濛，大地还带着几分寒意，采茶姑娘就冒着细雨和春寒上山采摘嫩芽了。清明时节，正是龙井茶采摘的大忙季节，倾村出动，抢采高档茶（采制高档龙井茶，季节性很强，前后只有十天左右），满山遍野，茶歌阵阵，采茶人出没于茶丛间，犹如仙女在万绿丛中翩翩起舞，此时茶山不似湖光，胜似湖光。难怪唐代诗人刘禹锡为茶山春色倾倒，曾吟诗赞道："何处人间似仙境，春山携妓采茶时。"

龙井茶采摘十分细致，要求苛刻。高级龙井茶在清明前后采摘，当茶芽萌发长到一芽一叶初展时，即将初展的一芽一叶采下，长不过 2.5cm。每 0.5kg 极品龙井茶包含茶芽 35 000～44 000 个，也就是说采茶时要采摘 35 000～44 000 次，极为费时。清明采制的龙井茶称为"明前"。"明前"龙井为龙井茶极品，产量很少，异常珍贵，常人难得口福。按照茶芽萌发状况和采下的芽叶大小，制成的龙井茶历史上又分"莲心""旗枪""雀舌"等花色。

龙井茶外形、内质咸美，是和精湛的炒制技术分不开的。由于成品茶独树一帜，品质规格要求严格，炒制过程十分复杂，一直采用手工炒制。炒制手法巧夺天工，尽工尽善。高级龙井茶炒制过程分"青锅"和"煇锅"两个工序，其间不经过"揉捻"工序，杀青、整形、炒干均在锅中进行，这是与一般绿茶所不同的。青锅和煇锅都是在特制的龙井锅中进行，炒制手势有抖、带、搭、甩、捺、拓、扣、抓、压或磨等，号称十大手法。炒制时，随鲜叶老嫩和锅中茶坯成熟程度，不时变换手法，因势呵成。整个炒制过程，手法变化多端，巧妙非常，劳动强度也很大，非得练就十分功夫，否则炒出的茶叶不是龙井，而是"干虾皮"。乾隆皇帝在观看龙井茶炒制时，也为花费劳力之大和技术功夫之深而惊叹，曾为之作茶歌道："火前嫩，火后老，唯有骑火品最好。村民接踵下层椒，倾筐雀舌还鹰爪。地炉文火徐徐添，干釜柔风旋旋炒。慢炒细焙有次第，辛苦功夫殊不少。"

西湖山区各地所产的龙井茶由于生长条件不同，自然品质和炒制技巧略有差异，形成不同的品质风格。历史上按产地分为四个花色品目，即狮、龙、云、虎四个字号，以狮峰龙井品质最佳，最富盛誉。后来调整为狮、龙、梅三个品目，仍以狮峰龙井品质最佳。狮峰龙井产于狮峰、龙井、翁家山、满觉垅、杨梅岭、天竺、灵隐等地。外形挺秀，色泽绿中显黄，呈糙米色，是狮峰龙井一大特色；香气清香，浓而持久，滋味甘鲜，品质极优，誉为龙井之巅。梅字号龙井产于梅家坞、云楼、梵村等地，外形光滑油润，扁平挺秀，色泽翠绿，香味略逊于狮峰龙井。龙字号龙井产于虎跑、双峰、金沙港、茅家埠、九里松等地，叶质肥嫩，芽锋显露，香味不及狮、梅两个字号。

据分析，龙井茶中的品质成分含量丰富，氨基酸、儿茶素、叶绿素、维生素 C 等化学成分含量都很丰富，营养价值和疗效较高。

自古名茶伴名泉，好茶好水，方显珍奇。杭州是个多泉的城市，许多风景区都有晶莹的清泉，涓涓长流，终年不绝。杭州著名的泉水有虎跑泉、龙井泉、玉泉、狮峰泉等。

"龙井茶""虎跑水"素称杭州二绝。明代高濂在《四时幽常录》中说："西湖名泉，以虎跑为最。两山之茶，以龙井为佳。谷雨前，采茶旋焙，时激虎跑泉烹享，香清味洌，凉心沁脾。"虎跑泉位于西湖和钱塘之间的群山。传说唐宪宗时，有个性空和尚游玩到虎跑，见青山翠郁，环境清静，想在该处住下来。但苦于无水源，无奈欲离去另觅住所。一天晚上却做了一个梦，梦见一神仙前来相告，说是要派两只老虎将南岳衡山童子泉移来，明天就有泉水，请法师不要走。第二天，性空和尚果然见山上下来两只老虎，刨地作穴，不久泉水涌出，其味甘洌醇厚，于是取名为虎跑泉。其实虎跑泉的这股泉水是从石英砂岩中渗涌出来的。靠近虎跑泉北面的一些山岭表土下面都是透水性好的石英砂岩，雨水渗入植物茂密的高山地层，浸蕴于石英砂岩的缝隙中，顺着岩层的斜面向下方渗流，从岩层倾斜下口进泻出来，此乃虎跑泉的由来。由于石英砂岩渗透性好，有良好的过滤作用，水中所含杂质很少，泉水清澈见底。据分析，虎跑泉水中所含可溶性的矿物质较少，每千克水中只含 0.02~0.15g，比别的泉水要少，特别是氯、钙的含量极微，水中几乎没有硅酸盐的沉淀物，而有机的氮化物含量却较多，因此硬度低而略带甜味。用如此甘泉烹茶，则更有利于龙井茶色香味的发挥。

龙井泉亦佳，位于龙井寺左侧，古称龙泓。传说明代正德年间掘井抗旱时，从井底挖掘出一块大石头，形如一条游龙，故将此井命为龙井。据传现在还安置在井旁的刻有"神运"二字的大石头就是当年掘井挖出来的，人们也称之为神运石。龙井泉水烹茶，历来亦受赞许。明代田艺蘅认为，武林诸泉，惟龙井入品。明代诗人屠隆也有"采取龙井茶，还烹龙井水，茶经水品两足佳"之句，对茶、水并美倍加赞赏。龙井泉边，假山奇石，岩上刻有"龙井试茗"，还有一"听泉亭"，在这样如诗如画的环境下品尝龙井茶，倍增试茗真趣，赏心悦目，妙哉、幽哉。古往今来，游客云集。

第二节 铁观音

烹来勺水浅杯斟，尽不余香舌本寻；七碗漫浄能畅饮，可曾品过铁观音。

铁观音是中国乌龙茶的极品，产于福建省安溪县，又称安溪铁观音，素富盛誉，蜚声中外，特别是在闽南、粤东和港澳地区，以及东南亚各国的华侨社会，享有极高的声誉，倍加珍贵。

乌龙茶铁观音以天然馥郁的兰花香和特殊的"音韵"而称著。外形条索圆结匀净，呈螺旋状，身骨重，色泽砂绿青润起霜（即表面起一层薄薄的白霜，有无砂绿起霜，是铁观音品质高低的重要标志）。品茶师形容铁观音外形是：青蛙腿、蜻蜓头、蛎乾形、茶油色。

铁观音冲泡后，香气清高馥郁，滋味醇厚甜鲜，入口不久，立即转甘，具有一种特殊的风韵，称之为"观音识"，简言"音韵"。品尝铁观音时，领略"音韵"，是品茶行家和乌龙茶爱好者的乐趣，安溪一位"品茶王"曾对来访者悠然自得地说："谁能解得铁观音独特的音韵，则是人生的一件快事！"不过要领略"音韵"，并不是一件很容易的事，要经常品啜，反复琢磨，才能体会到铁观音的珍贵和给您带来的乐趣。

关于"音韵"，乃是由铁观音特殊的香气和滋味形成的。铁观音的香气，犹如空谷幽兰，清高隽永，灵妙鲜爽，达到了超凡入圣的境界，令人雅兴悠远，诗意盎然。铁观音的滋味，醇厚甜鲜，饮时甘滑，余味回甘，犹如陆游"舌根常留甘尽日"的诗句所形容的那样深长。这种蜜底甜香、回味无穷的"音韵"，来自铁观音品种本身的遗传性，为铁观音所独有，味得天真，香臻圣妙，十分难得。

铁观音由于香郁味厚，故耐冲泡，因此有"青蒂、绿腹、红镶边，冲泡七道有余香"之称。

铁观音的茶名，初听时会令人费解。观音菩萨与茶有何相干，铁与观音又怎么连在一起？当然不无原因，其中有一段神奇的故事。

相传清代乾隆（1736—1795 年）年间，福建省安溪县松林头乡有个名叫魏饮的农民笃信佛教。每天清晨，他以一杯清茶奉献观音大士像前，习以为常。观音菩萨念他虔诚，一晚托梦给他，说要赐给他一棵摇钱树，从此可以不愁衣食。次日，魏饮到山上砍柴，路过观音庙前，忽然发现打石坑的石隙间有一棵茶树，在晨曦中，叶片闪闪发光，便挖回栽于舍傍，精心培育，后来采下鲜叶制成乌龙茶，香味异常醇美。遂用扦插法加以繁殖，逐渐传开，成为珍贵的茶树优良品种。魏饮以为拜佛有德，感动了观音菩萨，观音大士恩赐这株优异的茶树给他，加之该茶树上叶色暗绿如铁，故命名为"铁观音"。也有传说，这株茶树上采下的鲜叶制成乌龙茶，外形美观，身骨重，色泽砂绿青润，人们形容这种乌龙茶"美如观音重似铁"，因以得名"铁观音"。

铁观音的由来，还有另一传说：安溪县尧阳乡书生王士凉，于清乾隆元年（736 年）春，与诸友会文于南山麓，见观音山下石间有一株闪光夺目的茶树，与他茶不同，喜而移植于南轩之圃，精心培育，制成乌龙茶，香味优异。是年士凉赴京，拜见相国方望溪，携该茶敬赠。相国转献内廷，皇上品后甚喜。称其美如观音重似铁，遂赐名"南岩铁观音"。

清初诗僧释超全还曾作《安溪茶歌》，歌中唱道："安

溪之山郁嵯峨，其阴长湿生丛茶。居人清明采嫩叶，为珍
甚贱供万家。迩来武夷漳人制，紫白二毫粟粒芽。西洋番
舶岁来买，王钱不伦凭官芽。溪茶遂学岩茶样，先炒后焙
不争差。……"可见安溪铁观音的采制方法是仿效武夷岩
茶制法的。安溪茶农在引进武夷岩茶技术时，掌握了制好
乌龙茶的三要素——茶树良种、生态条件和制茶工艺，针
对铁观音品种特性和安溪生态条件，进行采制工艺的改进
提高，有所发展，有所创新。因此，铁观音的香味胜于武
夷岩茶，商品性生产程度高于武夷岩茶。岩茶中名枞品质
虽优异，但数量少，价格高昂；铁观音品质优异，生产量
大，比较经济实惠，受到市场欢迎。

　　铁观音制茶工艺复杂，制工精湛，从茶树上采下的鲜
叶要经过凉青、晒青、做青、炒青、初揉、初烘、包揉、
复烘、簸拣等十余道工序，才能制成成品茶。铁观音的制
法与武夷岩茶制法比较起来，萎凋和发酵程度较轻，制茶
过程中茶多酚类物质（茶单宁）损失较少，所以味浓耐泡，
且较鲜爽。铁观音的揉捻重，杀青叶用布包起来揉捻，叫
做包揉，使之条索紧结，外形美观。经两揉、两烘之后，
再用文火低温烘焙，使毛茶中水分缓慢散失，内含物质逐
渐转化，并促使茶叶中咖啡碱随水分蒸发，向叶面升华，
凝成一层白霜。起霜与否，是铁观音品质高低的重要标志
之一。

　　铁观音的品饮方法和所用的茶具极为考究。沏铁观音
茶，专门有一套小巧别致的茶具，号称茶房四宝，即潮汕

炉（炭火炉）、玉书碨（开水壶）、孟臣壶（小茶壶）、若深瓯（小茶杯）。茶房四宝都很小，茶壶容水不到 100 毫升，茶杯杯口直径不过三四厘米，演化深约两厘米，古人称之为壶小如香橼，杯小如胡桃，有的壶不过现在的广柑那么大，非常有趣，这些茶具本身乃高超的工艺品，就足以令人玩味的了。

品饮时，先生炉烧开水，现场洗净茶具，并用开水烫热，再将茶叶放入壶中，俟玉书碨的水沸，冲入孟臣壶，随即吹去浮在壶面的泡沫，盖好壶盖，再用开水在茶壶外面浇淋几下，促使壶中茶叶迅速发透，过一分钟，即将茶壶中的茶汤均匀地注入小茶杯趁热品饮。先嗅其香，继尝其味，量少而味厚，饮后齿颊留芳，回味无穷，铁观音的风韵，则悠然自得，沁人心脾。

品尝铁观音茶，是一种高超的生活艺术享受。品饮之风，闽南一带，清代中期就很盛行，当时漳州、泉州、厦门等地城镇茶馆林立，比屋皆饮。铁观音茶虽价格高昂，嗜者亦不惜重金相求。

100 多年来，铁观音行销闽南、粤东、港澳地区，以及东南亚、日本、欧美等地，誉臻人心，市场稳固，特别是港、澳同胞和海外侨胞，对铁观音爱之心切，嗜之成癖，以饮到铁观音为口福。许多闽南籍的华侨身居异邦，思乡心切，常以家乡的铁观音茶作为在异域辛劳间歇的享受，寄托乡恋，借慰思念祖国之情。

第三节 祁 红

在红遍全球的红茶中，祁红独树一帜，百年不衰，以其高香形秀著称，博得国际市场的经久称赞，奉为茶之佼佼者。

祁红，是祁门红茶的简称。为功夫红茶中的珍品，1915年曾在巴拿马国际博览会上荣获金牌奖章，创制100多年来，一直保持着优异的品质风格，蜚声中外。

安徽祁门一带是古老茶区，唐代就盛产茶叶。当时所产的"雨前高山茶"相当出名。唐代诗人白居易《琵琶行》中，有"商人重利轻别离，前月浮梁买茶去"的诗句。浮梁和祁门历史上属同一茶区，祁门一带所产的茶叶，也有一部分送到浮梁出售。唐代咸通三年（862年），歙州司马张途在祁门县审订的《阊门溪记》里，曾记叙了当时各地茶商到祁门经销茶叶的情形："千里之内，业于茶者七、八矣。由是给衣食、供赋役悉恃此祁之茗。色芳而香，贾客成议，逾者诸方，每定二、三月赍银缗素求市，将货他邸者，摩肩接迹而至。"从这段记述，可见当时的祁门茶市已相当繁荣。

当时祁门一带皆出产绿茶，制法与六安茶相似，被称为"安绿"。明代徐渭（1521—1593年）在《谢钟君惠石埭茶》诗中，赞咏与祁门毗邻的石埭（今石台）、贵池所产的茶叶，将石埭、贵池出产的茶与著名的龙井、虎丘等名茶并提，可见其品质亦优。诗曰："杭客矜龙井，苏人代虎丘。小筐来石埭，太守尝池州。午梦醒犹蝶，春泉乳落牛。对之堪七碗，纱帽正笼头。"现在石台、贵池亦产红茶，也属于祁红之类，品质逊于祁门所产。从这首诗中，也可间接想见当时祁门茶品质具有相当水平。

清光绪元年（1875年），有一名叫余干臣的黟县人从福建罢官回籍经商，因见红茶畅销利厚，便先在至德县（今东至县）尧渡街设立红茶庄，仿效闽红制法，试制红茶成功。次年余干臣又在祁门历口设立茶庄，改制红茶。1878年又在祁门县里增设分茶庄，进一步发展红茶。另有一种说法，认为祁门改制红茶是从胡元龙开始的。胡元龙为祁门南乡贵溪人，因见当时绿茶销路不景气，红茶畅销，于1876年开设日顺茶厂，仿制红茶成功。

由于祁门一带自然条件优越，茶树品种优良，制茶工艺精益求精，制成的红茶具有天然香气，品质优异，在中国红茶中独树一帜，成为后起之秀，誉震遐迩。1915年国际博览会在巴拿马举行，祁红被送会展出，受到极高的评价，遂获金质奖章和奖状。祁红出口创汇高，居当时出口红茶之首。据记载，1913年50kg祁红，出口售价达360两银子。其价值之高，实属可观。

祁红主要产地除安徽省祁门县外，还有与祁门毗邻的石台、东至、黟县、贵池等县。历史上祁红产地也包括江西浮梁（江西景德镇）。不过，目前祁红仍以祁门县产量最多，品质亦以祁门所产优异。

祁门县位于皖南山区的南端。黄山支脉大洪岭、历山等山脉蜿蜒其境，最高峰在古牛峰，海拔高达 1728 米，一般海拔高度均在 400 米以上。境内峰峦起伏，溪流潺潺，村村有山，山山有茶，林木翠竹遍野，郁郁葱葱。茶园主要分布于千枚岩、紫色页岩等风化而成的红黄壤上，土层深厚，土质肥沃，结构疏松。

祁门茶区气候温和，年平均温度近 16℃；雨水丰沛，年降雨量在 1 600 毫米以上；云雾迷漫，空气湿度大。春夏时节，更是"晴时早晚遍地雾，阴雨成天满山云"。

祁红的茶树品种优良，普遍栽培的茶树品种是举世闻名的祁门种。祁门种的芽叶制出的功夫红茶外形秀丽，香高持久，属于高香品种。不仅在祁门，引种到国内的广东、云南等地，以及俄罗斯、日本、印度、斯里兰卡等国，都表现出高香的品质风格，十分宝贵。

综上所述，可知祁红生产条件极为优越，真是天时、地利、人勤、种良，得天独厚，所以祁门一带大都以茶为业，上下千年，始终不败。祁红功夫一直保持着很高的声誉，芬芳常在。

祁红采摘细致，制工精湛。茶叶采摘，制定有严格标准，要求按标准采摘，采回的鲜叶，实行分级验收、贮放和初制。特级祁红，鲜叶原料要以一芽一叶和一芽二叶为主，其中一芽一叶要占 10％～20％，一芽二叶占 50％～60％。如此鲜叶的嫩度标准是其他红茶所难以达到的。特级和高档茶，采取现采现制，以提高茶叶品质。

祁红的鲜叶初制加工十分考究，分萎凋、揉捻、发酵、干燥四道工序，做到萎凋均匀，揉捻充分，发酵适度，毛火高温快烘，足火低温慢焙，以促进香味的发展。

毛茶制成后，还要经过精制加工。祁红精制加工十分精细，程序复杂，很费工夫，因此得名为功夫红茶。简化后的精制加工，按技术流程划分，有3个过程12道工序。筛制过程分毛筛、抖筛、分筛、紧门、套筛、撩筛、切断、风选8道工序；拣剔过程分机拣、电拣、手拣3道工序；成品过程分拼和、补火、过磅装箱3道工序。经过项目繁多的程序，方加工成商品茶。真是领祁红甜香味，始知焙制工夫深。

在国际茶叶市场上，祁红是最富盛誉的名茶。素以秀丽的外形、馥郁的兰花香称誉于世。祁红主要运销英国，在伦敦茶叶市场，祁红被誉为茶中英豪。每当祁红新茶上市，人们争相竞购，交口传扬："中国的祁门香来了！"

祁红向以高香著称，具有独特的清鲜持久的香味，被国内外茶师称为砂糖香或苹果香，并蕴藏有兰花香，清高而长，独树一帜，国际市场上称之为"祁门香"。祁红条索紧细，锋杪秀丽，色泽乌润，汤色红艳明亮，滋味鲜醇甘厚，叶底鲜红明亮。清饮，最能领略其独特的风韵，加入牛奶、糖，汤色粉红，香味不减，亦很可口。

英国人最喜爱祁红，全国上下都以能品尝到祁红为口福。皇家贵族也以祁红作为时髦的饮品，用茶向皇后祝寿，赞美茶为"群芳最"。有280多年历史的英国泰宁公司，长期以来用祁红和印度大吉岭红茶拼配，供英国宫廷皇室饮用。民间对祁红更视为珍品，不可多得。

印度、斯里兰卡的红茶滋味浓厚，但香气低之，需要拼配芬芳馥郁的祁红，才能符合英国人的口味。因此，伦敦茶叶市场习惯以祁红拼配印度、斯里兰卡等地红茶出售，祁红成了不可缺少的调味品。近代世界上风行红碎茶，而祁门功夫红茶声誉不减，畅销不衰，保持传统的风格和兴隆的市场。

第四节　白毫银针

白毫银针产于福建省福鼎和政和等县，是用福鼎大白茶和政和大白茶等优良茶树品种春天萌发的新芽制成。所用鲜叶原料全部是肥壮的茶芽。福鼎大白茶和政和大白茶两个都是芽叶上茸毛特多的无性繁殖系品种，采取压条或扦插方法进行繁殖，性状整齐。在这两个品种集中栽培的茶园里，每当春天发出新芽，茸毛密被，曦阳照下，银光闪闪，远远望去好像霜覆，是其他茶园里所看不到的一番景观，分外诱人。

白毫银针由于鲜叶原料全部是茶芽，制成成品茶后，形状似针，白毫密被，色白如银，因此命名为白毫银针。其针状成品茶长3cm许，整个茶芽为白毫覆被，银装素裹，熠熠闪光，令人赏心悦目。冲泡后，香气清鲜，滋味醇和，杯中的景观也使人情趣横生。茶在杯中冲泡，即出现白云疑光闪，满盏浮花乳，芽芽挺立，蔚为奇观。

早春茶芽制成名茶，闽北在宋代就已盛行，如御苑玉芽、万寿龙芽、无比寿芽。宋宣和庚子年间，郑又简在福建还创制一种叫做"银线水芽"的名茶。其制法是：将一芽一叶的鲜叶先蒸熟，然后放在水盆中，选取其芽心，即是"银线水芽"。称这种水芽是上等茶中"最精英者，光明莹洁，犹如银线"。因银线水芽是用很小的袋子装的，袋上刺有小龙蜿蜒其上，故称"龙转胜雪"，并说一盏茶之妙，至胜雪极矣。所谓"胜雪"，想必也是类似银毫的茶叶。宋代蔡襄曾有一首赞咏用茶芽制成的茶之珍品，诗曰："北苑灵芽天下精，要须寒过入春生。故人偏爱云腴白，佳句遥传玉律清。"

白毫银针因产地和茶树品种不同，又分北路银针和南路银针两个品目。

北路银针

产于福建福鼎，茶树品种为福鼎大白茶（又名福鼎白毫）。外形优美，芽头壮实，毫毛厚密，富有光泽，汤色碧清，呈杏黄色，香气清淡，滋味醇和。福鼎大白茶原产于福鼎的太佬山，太佬山产茶历史悠久，有人分析，陆羽《茶经》中所载"永嘉县东三百里有白茶山"，就指的是福鼎太佬山。清代周亮工《闽小记》中曾提到福鼎太佬山古时有"绿雪芽"名茶，"今呼白毫"。如此推来，福鼎大白茶品种和用其芽制成的白毫银针，历史相当久远。

南路银针

产于福建政和，茶树品种为政和大白茶。外形粗壮，芽长，毫毛略薄，光泽不如北路银针，但香气清鲜，滋味浓厚。政和大白茶原产于政和县铁山高仑山头，于 19 世纪初选育出。政和白毫银针，则随政和大白茶的利用应运而生。据介绍，1910 年，政和县城关经营银针的茶行竟达数十家之多，畅销欧美，每担银针价值银元 320 元。当时政和大白茶产区铁山、稻香、东峰、林屯一带，家家户户产制银针，当地流行着"女儿不慕富豪家，只问茶叶和银针"的说法。

白毫银针的采摘十分细致，要求极其严格，规定雨天不采，露水未干不采，细瘦芽不采，紫色芽头不采，风伤芽不采，人为损伤芽不采，虫伤芽不采，开心芽不采，空心芽不采，病态芽不采，号称十不采。只采肥壮的单芽头，如果采回一芽一二叶的新梢，则只摘取芽心，俗称之为抽针（即将一芽一二叶上的芽掐下，抽出作银针的原料，剩下的茎叶作其他花色的白茶或其他茶）。采下的茶芽，要求及时送回厂加工。

白毫银针的制法特殊，工艺简单。制作过程中，不炒不揉，只分萎凋和烘焙两道工序，其中主要是萎凋和晾干，使茶芽自然缓慢地变化，形成白茶特殊的品质风格。具体制法是：采回的茶芽，薄薄地摊在竹制有孔的筛子上，置微弱的阳光下萎凋、摊晒至七八成干，再移到烈日下晒至足干。也有在微弱阳光下萎凋 2 小时，再进行室内萎凋至八九成干，再用文火烘焙至足干。还有直接在太阳下曝晒至八九成干，再用文火烘焙至足干。在萎凋、晾干过程中，要根据茶芽的失水程度进行调节，工序虽简单，要正确掌握亦很不易，特别是要制出好茶，比其他茶类更为困难。

白毫银针味温性凉，有健胃提神之效、祛湿退热之功，常作为药用。对于白毫银针的药效，清代周亮工在《闽小记》中，有很好的说明："太佬山古有绿雪芽，今呼白毫，色香俱绝，而尤以鸿雪洞为最，产者性寒凉，功同犀角（一种贵重的中药），为麻疹圣药，运销国外，价遇金埒（即价同金相等）。"

白毫银针极为珍贵，海外称其具有降火、解邪毒的作用，常饮能防疫去病。甚至说，饮一杯白毫银针，可令人对今天生活中的许多紧张和压力都变得心神安定。

第五节　蒙顶茶

蒙顶茶产于地跨四川省名山、雅安两县的蒙山，历史悠久，是中国最古老的名茶，被尊为茶中故旧、名茶先驱。

"扬子江心水，蒙山顶上茶"，这两句赞扬蒙顶茶的诗句，寓意很深。传说扬子江心水味甘鲜美，用这种水泡蒙山顶上的仙茶，是人间最美的佳饮，常人不可得。因此，古往今来人们对蒙顶茶爱慕之至，赞语不绝。

唐代茶叶已具相当规模，茶区遍及中国南方13省，出现了许多名茶。茶圣陆羽在评价名茶时曾说："蒙顶第一，顾渚第二。"顾渚茶产于浙江长兴，是唐代名茶中的珍品。陆羽著《茶经》，就是在顾渚茶区一带写作的。唐代著名诗人白居易酷爱茶叶，亲自种茶、采茶、烹茶、品茶，以"药团茶园为产业"，自称"别茶人"，写了很多有关茶事的诗篇。白居易在《琴茶诗》咏道："琴里知闻惟渌水，茶中故旧是蒙山。"把蒙顶茶和最有名的古典"渌水"曲牌相提并赞，可见对蒙顶茶评价之高。据与陆羽同时代的查晔在《膳夫经》中说："始蜀茶得名蒙顶。"白居易在《肖员外寄新蜀茶》中咏道："蜀茶寄到但惊新，渭水煎来始觉珍。满瓯似乳堪持玩，况是春深酒渴人。"

北宋诗人梅尧臣曾有"陆羽旧茶经，一意重蒙顶"的诗句。范成大也有"蜀土茶称圣，蒙山味独珍"的诗情，赞美蒙顶茶。文彦博在《谢人惠寄蒙顶茶》诗中赞道："茶谱最称蒙顶味，露芽云腴胜醍醐。"赵怀《试蒙山茶》诗中，还有"色淡香长味自仙"之句。如此赞语佳句不胜枚举，足见蒙顶茶在中国历史上的崇高声誉。

古有"仙茶"之称的蒙顶茶，关于其由来，有不少神话传说。传说有一位老和尚得重病，吃了很多药，都没有把病治好。有一天，一位老翁跑来告诉老和尚，说春分前后春蕾初发时，采得蒙山中顶茶，和本地水煎服，能治宿疾。这位老和尚听了老翁的话，便在蒙山上清峰筑起石屋，请了一些人住在这里，遵照老翁所传授的方法，采得蒙顶茶。煎服后，老和尚病果然好了。眉发绀绿，体格精健，相貌看上去好像30多岁的人。于是，蒙顶茶可以返老还童的神话遂之传开。

五代毛文锡在自己所著的《茶谱》（935年前后）曾说，蒙山有五顶，上有茶园，中顶称上清峰。如中顶茶一两，可治宿疾，二两可保无病，三两能固肌肤，四两即成"地仙"。毛文锡的这个记载有虚有实，喝四两蒙山中顶茶，即可成"地仙"，想来也是受上面那个神话故事的影响所致。

据记载，西汉时蜀郡栽培茶树相当普遍，沿邛崃山脉的一些地方皆出名茶。蒙山地处四川成都盆地帝绿，属于邛崃山脉尾脊，风土又很适宜茶树生长，故早在西汉时代，便是茶叶产地、出产名茶之乡。

宋代王象之在《舆地纪胜》中说："西汉有僧从岭表来，以茶实植于蒙山……今蒙顶茶盖自名师所植也。"明代杨慎在《游蒙山记》中也说："名山之普慧大师自岭表来，流寓蒙山。按碑，西汉僧理真、俗姓吴氏，修活民之行，种茶蒙顶。"杨慎死后不久的天启壬戌年（1622年）所立的《重修甘露灵宇碑》碑记中记明："西汉有吴氏子，名理真，俗奉甘露大师者，自岭表来，挂锡兹土，随带灵茗之种而植之五峰。"

《名山县志》记载，西汉时有甘露普慧禅师，植茶七株于五峰之间，树高盈尺，不称为"凡种"。根据以上记载和传说，蒙山产茶的历史已有2 000多年了。

"蒙茸香叶如轻罗，自唐进贡入天府"。远在东汉，人们就称蒙顶茶为"圣扬花""吉祥蕊"，奉献地方官。从唐代开始作为贡茶，一直沿至清代，1 000多年间，年年岁岁皆为贡品。

"漏天常泄雨，蒙顶半藏云"，这是北宋晁说之在1098年写的诗句，对蒙顶茶所处的生态环境作了高度概括。雨多、雾多、云多，是蒙山的最大特点，经常云雾茫茫，烟雨漾漾，蒙山因之得名。雅安古称"漏天"，蒙山尤其多雨，故有"雅安多雨，中心蒙山"的说法。入春后，常常细雨连绵，很难得有晴天，古人有诗云："一漏天难望蔚蓝明，十日曾无一日晴，刚得曦阳来借照，阴云又已漫空生。"每年降雨天数多达220多天，其中夜雨量又占总降雨量70％以上，真可谓"漏天中心夜雨多"。冬季和春季，山下暖流和山顶冷气流会合，常在山腰形成大雾，故"蒙顶半藏云"，十分形象逼真。夏季峪地水汽上升，与下沉山风相碰，常凝成雨滴，布成雾帐，一片朦胧。据统计，蒙山平均每年日照只有900多小时，约占应照时数的1/5。

蒙山树木葱茏，植被茂盛，土层深厚，表土疏松，气候温和，四季分明，冬无严寒，夏无酷暑。正是上有天幕（云雾）覆盖，下有精气（沃壤）滋养，实乃得天独厚的茶之天府。

蒙山，古时属于祀祭的名山之一，相传大禹治水成功，曾致祭于此，《尚书·禹贡篇》中有此记载。东汉时，佛教传入中国，蒙山逐渐变成佛教圣地。山顶五峰——上清、菱角、毗、灵泉、甘露，其命名都与佛教有关。

蒙山有五顶，又称五峰，状如莲花。明代徐元禧有诗云："五顶参差比，真是一朵莲。"山上古木参天，寺院罗列。整个名山县72寺院，蒙山占了一半。峰顶有天盖寺、永兴寺、千佛寺、静居庵等古刹，其中天盖寺、智矩寺、永兴寺等都是汉末所建。古木苍翠，清泉遍壑，绿树红宇，景色优美。道旁山间，寺院周围，都有茶园分布。古人称：

"仰则天风高畅，万象萧瑟；俯则羌水环流，众山罗绕，茶畦杉径，异石奇花，足称名胜。"有"蒙山之巅多秀岭，亚草不生生淑茗"之说。

据《名山县志》记载，蒙山贡茶茶园全由山上寺僧掌管，分工严密，各司其职。工种分有：采花僧、薅茶僧（负责除草及田间管理）、制茶僧、看茶僧（负责评茶）等。各寺院也有分工，如静居庵专管采茶，千佛寺专管茶园，大佛寺专管制茶，天盖寺专管评茶。山上专门筑有"石屋"，供和尚采制贡茶之用。迄今蒙山上还有"贡茶石院"遗址。

贡茶每年都规定有任务，为了保证贡品完成，僧侣们特别重视茶园的培育管理，有诗曰："闲将茶课话山茶，种得新株待苗芽，为要栽培根柢固，故园锄破石烟霞。"同时，还编造许多神话，以防民间上山采茶。如说民间不可烹饮"仙茶"，喝了"仙茶"要遭雷击。还说山上有白虎巡逻守护"仙茶"，私往采茶必被虎害等，以致"樵牧不敢撞人"，蒙顶石茶便成帝王和官僚专享的贡品。

蒙山贡茶的采制极为神秘，所谓"仙茶"更视为神灵，采制尤其隆重。每逢春天茶树发出新芽，当地县官即择吉日，身穿朝服，率僚属并全名山 72 寺院和尚，浩浩荡荡，上山朝拜"仙茶"。待烧香礼拜之后，开始采摘"仙茶"，规定只采 360 叶，送交制茶僧负责炒制。炒制时寺僧盘坐诵经，在新釜中翻炒，用炭火焙干，贮入两双银盒送京进贡，供皇帝祭祀天地祖宗之用。此谓之"正贡"。除中顶上清峰七株"仙茶"外，其余茶树统称"凡种"。"仙茶"采后，再采"凡种"细嫩芽叶，制成颗子茶，共 10kg，装 18 锡瓶，陪贡入京，此谓之"陪贡"，专供帝王享用。

蒙顶茶是蒙山所产各种花色名茶的统称。唐代开始成为贡茶，早期的贡品大都为细嫩的散茶，品名有雷鸣、雾钟、雀舌、芽白等。以后又有凤饼、龙团等紧压茶，曾有诗赞道："薄润犹含雨露鲜，离披散叶当纷然。请将一副和羹手，捏作龙团与凤饼。"后来又出现甘露、石花、黄芽、米芽、万春银叶、玉叶长春等花色品种。其中石花、黄芽属于黄茶类，其余属烘青绿茶。民国初年，以生产黄芽为主，故称蒙顶黄芽，为当时蒙顶茶的代表；如今，以生产甘露为多。

蒙顶甘露

采摘标准为一芽一叶初展，新鲜芽叶适当摊放，以高温杀青，须三炒、三揉、三烘和整形等工序。外形美观，条索紧卷多毫，浅绿油润，香馨高爽，味醇甘鲜，汤黄微碧，清澈明亮。

蒙顶石花

嫩芽经杀青后，即在锅中整形，后经摊凉再入锅复炒，最后低温烘干。银芽扁直整齐，汤色黄碧，香气纯鲜，味甘隽永。

蒙顶黄芽

制法与石花大同小异，惟杀青后要经过轻揉捻。色泽黄亮，芽呈金黄色，香醇清，味浓鲜，汤色清黄明亮。

万春银叶和玉叶长春

是用迟采的稍大芽叶制成的。制法与甘露相同，惟茸毫减少。品质较甘露稍次。

第六节　碧螺春

碧螺春产于江苏省吴县太湖的洞庭山，又名洞庭碧螺春。吴县隶属苏州，也有称之为苏州碧螺春。外形卷曲如毛螺，花香果味得天生，素为茶中之萃。

关于碧螺春的历史，清代王应奎在《柳南续笔》中曾有一段记叙，颇富风趣："洞庭东山碧螺峰石壁产野茶数株，每岁土人持竹筐将归，以供日用。历数十年如是，未见其异也。康熙某年，按候以采，因其叶较多，筐不胜贮，因置怀间，茶得热气，异香忽发，采茶者争呼'吓煞人香'。吓煞人香者，意思是说这种茶特别香，香煞人，吴中方言也，遂命名是茶云。自是以后，每值采茶者，不分男女长幼，莫不沐浴更衣，贮不用筐，悉置怀间，而土人泉元正独精制，法出自其家，尤称妙品，每斤价值三两。己卯岁（1699年）康熙三十八年，车驾幸太湖，宋公（指巡抚宋荦）购此茶进，上以其名不雅，因以碧螺峰为名，赐题该茶为'碧螺春'。"自此以后，碧螺春遂得名，闻名遐迩，流传至今。

据《清史考》记载，康熙皇帝曾七次南下苏州，有的是南巡河工，有的是去杭州等地，路过苏州驻驿太湖、天池山等地，康熙巡幸到苏州，苏州地方官员进献当地名茶吓煞人香，康熙颇有文采，嫌其名不雅，因以赐题碧螺春为茶名，这是完全可能的，故事情节亦能顺理成章。

关于碧螺春由来，民间还有一传说。说是洞庭有一渔家姑娘，名叫碧螺。碧螺姑娘曾以她采制成的春茶治愈了因救她而受伤的一青年。碧螺姑娘妙手回春，因而将该茶命名为碧螺春。

前人曾有一首赞咏碧螺春的诗，诗曰："从来隽物有嘉名，物以名传愈见珍。梅盛每称香雪海，茶尖争说碧螺春。已知焙制传三地，喜得揄扬到上京。吓煞人香原夸语，还须早摘趁春分。"

诗中所谓，寓有一定科学道理，特别是："吓煞人香原夸语，还须早摘趁春分。"早采嫩采是碧螺春的一大特点。碧螺春采得特别，当新芽初展一芽一叶就及时采下，高级碧螺春在春分时节便开始采制。此时芽叶细嫩，茸毛多，氨基酸等化学成分含量高，制成的碧螺春茶不但外形美观，而且品质优异。正是：吓煞人香原夸语，还须早采趁春分；铜丝螺旋浑身毛，花香果味倍生津。

出产碧螺春的洞庭东山位于苏州西南约 30 公里的震泽，曾设县治，是太湖上的一个半岛，宛如伸向太湖的一叶扁舟。苏东坡曾有诗云："我梦扁舟浮震泽，雪浪横空千顷白。"与东山相距不过 5 公里还有一岛屿，称为洞庭西山，亦好像一片落叶漂浮在湖上。"君看一叶舟，出没风波里"。洞庭东西山，在烟波浩渺的太湖里，水天一色，空气湿润，云雾弥漫，是适宜茶树生长的良乡。

太湖东、西洞庭山不但是名茶碧螺春的产地，也是著名的水果之乡，而且自古实行茶、果间作，充分利用土地和光能，创造出多层次结构的生产方式，大大提高了经济效益。

勤劳智慧的碧螺春茶品茶农，在同一块土地上实现了茶叶和水果的多种经营，茶树都种植在果树下，高层为果树，低层为茶树，果树、茶树相间种植，果园茶园融为一体。茶园间作的果树有桃、李、杏、柿、枣、杨梅、枇杷、白果（银杏）、石榴等。果木树高，茶树低矮，登高望去，展入眼帘的是桃红、杏黄、榴红的花木葱茏的果园，走进果园，一丛丛、一行行绿油油的茶树则呈现眼前。一片片浓阴如盖的果树林，吞云吐翠，青翠欲滴的茶芽在果树的庇荫下更加茁壮、更富有生气，持嫩性强，芽叶黄绿，格外好看。特别是在春季，果树放花，花红茶绿，五颜六色，相映成趣，真是一幅美丽的图画，令人向往。

茶树与果树间作，中国古代就有很多经验，明代罗廪在《茶解》曾有记叙："茶园不宜杂以恶木，惟桂、梅、辛夷、玉兰、苍松、翠竹之类。与之间植，亦足蔽覆霜雪，掩映秋阳。其下可时芳兰、幽兰及诸清芬之品。最忌与菜畦相逼，不免秽污渗漉，滓厥清真。"说茶与果树花木间作，高大的果木可以为低矮的茶树蔽覆霜雪，蔽掩烈日，茶树还可以吸收果树花木的花香。

据说，碧螺春花香果味的天然品质就是由于茶树与桃、李、杏、桔、枇杷等喷香叶密的果木间作，受花香、果味陶冶所致。茶树在果树下，受果树枝叶的适当蔽掩，小气候条件得到改善，湿度增加，有利于茶树生长，也有利于茶叶自然品质的提高。茶树、果树间作，也为茶乡风光润色增趣，水光山色相映，碧螺春茶品更为秀丽迷人，正是："入山无处不飞翠，碧螺春香百里醉。"

　　碧螺春采摘十分细嫩，生产季节性很强，春分开始采茶，到谷雨碧螺春采制结束，前后不到一个月的时间，高档极品碧螺春都在清明时节采制，时间更短，季节性更强。"清明时节雨纷纷，路上行人欲断魂"，江南正是雨季，阴雨连绵，春寒料峭，此时茶农抢采嫩新，的确是十分艰辛的。

　　采摘标准为一芽一叶初展，即早春茶树新发出的茶芽刚长到一芽一叶，就及时采下。初展的嫩叶犹如雀儿的舌头，故称"雀舌"。采下的一芽一叶又形象化，被称之为一旗一枪，叶似旗，芽似枪。这种细嫩的芽叶长不过22.5mm。炒制一斤高级碧螺春成品茶，需要新鲜的细嫩芽叶六七万朵，也就是说，一斤高级碧螺春要采摘六七万次，其采茶功夫之深可以想见。采回的新鲜芽叶要经过严格拣剔，"朵朵过堂"受审，做到芽叶长短大小整齐，均匀一致，还要求及时炒制。

　　碧螺春茶完全靠手工炒制，在锅中进行，一锅到底，其间可分杀青、搓团、干燥三个过程。芽叶下锅后，旋转抖炒，动作轻快；进而沿锅壁盘旋热揉，使叶团在手掌与锅壁间滚动翻转（方向一致，不可倒转），轻轻搓团，使之形成螺形，提毫显毫；接着起锅，将茶叶均匀地摊于洁净的纸上，再放入低温的锅中，用手微微翻动，使之足干，即成成品茶。炒制技艺精湛，巧夺天工，炒制人员非经严格训练，反复实践，是炒制不出碧螺春的。

碧螺春茶条索紧结，卷曲成螺，白毫密被，银绿隐翠。碧螺春最好用玻璃杯冲泡，冲泡后，只见杯中犹如白云翻滚，雪花飞舞，清香袭人，滋味爽口，叶底成朵，号称"三鲜"，即香鲜浓、味鲜艳，花香果味，沁人心脾，别具一番风韵。

第七节　黄山毛峰

黄山素以奇松、怪石、云海、温泉著称，号称黄山"四绝"。可是，在松、石、云、泉之外，还有一绝，那就是轻香冷韵、袭人断腭的黄山云雾茶。

黄山奇峰高耸，峥嵘林立，主峰高达1 800多米，1 000米以上的山峰有300多座。烟霞缥缈，云海浩瀚，茶树分布于海拔较高的"天上人间"，云蒸霞蔚，得天独厚。

黄山产茶的历史可追溯到宋代。宋代英明茶中，就有"早春英华'、"来泉胜金"等名茶出自歙州。黄山坐落于皖南歙县、太平、休宁、黔县交界地区，面积跨1 200多平方公里，属古之歙州境内。天下名山僧占多，名山名茶，相得益彰，佛教也与茶叶结下不解之缘。料想古时欲州名茶出自黄山，也是完全可能的。明代许次纾《茶疏》云："天下名山，必产灵草，江南地暖，故独宜茶。……若歙之松罗，吴之虎丘，钱塘之龙井，香气浓郁，并可雁行。往郭次甫亟称黄山，黄山亦在其中。"清代陆廷灿在《续茶经》引《随见绿》云："松罗茶，近称紫霞山者为佳，又有南源北源各色，其松罗真品，殊不易得。黄山绝顶，有云雾茶，别有风味，超出松罗之外。"可见明、清两代，黄山所产的茶叶已很有名，受到称赞。另据《黄山志》记载，莲花庵旁就石隙养茶，多清香冷韵，袭人断腭，谓黄山云雾茶。据说，黄山之云雾茶就是黄山毛峰的前身。

　　黄山毛峰始于清代光绪年间，已有 100 多年历史。当时黄山一带生产外销炒青绿茶，而其地谢裕大茶庄却附带收购一小部分"毛峰"，运销关东，因品质优异，博得消费者欢迎。20 世纪初，河北、山东等地茶商纷纷来黄山一带收购毛峰和烘青，因得以发展。1926—1937 年间，黄山毛峰生产达到历史最盛时期，年产 1 000 余担，其中高级黄山毛峰年产量达到 100 余担。抗战期间，外销受阻，一度衰败，至 50 年代才得以恢复与发展。

　　生产特级黄山毛峰的茶园主要分布于海拔 700 米左右的桃花峰、紫云峰、云谷寺、松谷庵、吊桥庵、慈光阁一带，以及海拔 1 300 米左右的半山寺等地。特级以下的黄山毛峰产地还包括毗邻黄山的汤口、岗村、杨村、茅村，这几处出产茶叶较多，品质亦佳，历史上称之为黄山"四大名家"。

　　黄山毛峰的产地海拔高，峰峦叠翠，山高谷深，溪流瀑布，俏树偏野，气候温和，雨水丰沛，特别是终年灵雾缭绕，辈峰隐没在云海霞波之中，"晴时早晚遍地雾，阴雨成天满山云"。茶树在云雾蒸蔚下，芽叶肥壮，持嫩性强。加之山花烂漫，花香遍野，使茶树芽叶受到芬芳的熏陶，花香天成。如此得天独厚的生态环境，奠定了黄山毛峰优良的天然素质。

黄山毛峰采摘考究，非常细嫩，特级茶于清明、谷雨时采制，以初展的一芽一叶为采摘标准。采回的芽叶要进行拣剔，将不符合标准的拣出，以保持鲜叶的原料一致性。黄山毛峰采取当天采当天制，一般是上午采的芽叶，下午炒制；下午采的芽叶，当晚炒青制完。

炒制过程中，通常分杀青、揉捻、干燥三个工序。鲜叶下锅，啪啪作响，单手轻巧地翻炒，手热很轻。杀青适度后，高级茶就在锅内捞几下，以起揉捻和理条作用；一级以下的茶，要起锅热揉一二分钟，使之稍卷曲成条。干燥是采用炭火烘焙，分毛火、足火进行，足火采取低温慢焙，以发挥香气，并至足干。各工序程度的掌握亦非常巧妙，看茶闻香，操之适度。

黄山毛峰成品茶外形细扁稍卷曲，状似雀舌，白毫显露，色如象牙，黄绿油润，带金黄色鱼叶（俗称茶笋）。冲泡后，雾气凝顶，清香高爽，滋味鲜浓醇和，茶汤清澈，叶底明亮，嫩匀成朵。黄山毛峰耐冲泡，冲泡多次，香味犹存。

黄山毛峰清香高爽的品质特点，是由于含有丰富的芳香物质，主要是具有蔷薇花香的香叶醇、有微弱苹果香的苯甲醇和特殊玫瑰香的 α 苯基乙醇、具有百合花香或玉兰花香的芳樟醇，还有异戊酸、β 紫罗兰酮、顺茉莉酮等 20余种芳香物质。另据研究，出产特级黄山毛峰的产地海拔高，氨基酸含量也比较高，这是黄山毛峰香味鲜爽的物质基础。

第八节　冻顶乌龙

冻顶茶被誉为台湾茶中之圣，产于台湾省南投县鹿谷乡。

关于冻顶茶的由来，民间流传着许多耐人寻味的故事。冻顶山据说是因为山坡滑溜，上山要绷紧趾尖，台湾俗语称"冻脚尖"，才能上得了山头，即"冻"着脚尖上山"顶"，因以名曰"冻顶"。其茶，一说是清道光十一年鹿谷一学人林凤池，为报答族人林三显资助盘缠而得以中学之恩，在福州应试取得功名后，特到武夷山取回乌龙品种茶苗 36 株，以其中 12 株赠给冻顶山的林三显，因天、地、人因素调和，得以发展成现在闻名海内外的冻顶茶。另一说，冻顶山原只有野生茶树，后来自台北文山引进前清嘉庆年间由福建移民柯朝引入的乌龙品种，竟后来居上，发展成现在深受欢迎的冻顶茶。

冻顶茶的鲜叶采自青心乌龙品种的茶树上，故又名"冻顶乌龙"。冻顶为山名，乌龙为品种名。但按其发酵程度，属于轻度半发酵茶，制法则与包种茶相似，应归属于包种茶类。文山包种和冻顶乌龙系为姊妹茶。两者之异，只是文山包种重清香，而冻顶茶以滋味醇厚、喉韵强劲且具沉香而见长。多年来，由于习惯称呼冻顶茶为"冻顶乌龙"因以传开，其实冻顶与乌龙茶是两种不同的茶叶。

冻顶茶系泛指南投县鹿谷乡所产的茶。据台湾茶产地系列介绍中有关鹿谷乡冻顶茶的报道说，鹿谷乡位于海拔500 米～900 米之间，终年气候凉爽，年平均温度约 22℃；清晨云雾迷蒙，轻烟缭绕，白天晴时云，傍晚薄雾逐渐笼罩，空气中水分充足；加上红棕色土壤中含一种细软石，不仅利于排水，且细软石能将水分吸收，至冬季无雨时节，可以供给茶树的水分。冻顶茶 98% 是采自青心（软枝）乌龙品种的茶树上，并经特殊技巧焙制。因此，冻顶茶品质优异，在台湾茶市场上居于领先地位。其上品外观色泽呈墨绿鲜艳，并带有青蛙皮般的灰白点，条索紧结弯曲，干茶具有强烈的芳香；冲泡后，汤色略呈柳橙黄色，有明显清香，近似桂花香，滋味醇厚甘润，喉韵回甘强。叶底边缘有红边，叶中部呈淡绿色。

采制包装显特色。冻顶茶的包装，亦独具风格，以梅花分等级。为了扩大行销，特别重视品质管制和包装设计。从 1985 年 6 月起，将品质管制表现于包装纸盒上，纸盒上标明梅花和鹿农注册商标字号，其中以梅花颜色区分茶类，鲜红色的梅花表示发酵茶，暗红色的梅花表示不发酵茶；以梅花数量区分等级，五朵梅花为最高品，依此递减。

冻顶茶的鲜叶为"一心两叶"。所谓一心两叶，实际上是新梢长到"小开面"（即新梢刚出现驻芽）时，采下顶端对口二叶梢。

采回的茶菁随即摊开散热，然后薄摊于篾筛或布幕上，进行日光照射 10～20 分钟，其间轻翻三次。日光萎凋的温度以 30～40℃为宜。以第二叶的光泽消失，叶面呈波浪状起伏，且有柔软感，并发出清香，为日光萎凋的适宜程度。

茶菁日光萎凋后，即移入室内进行室内萎凋并结合摇菁。通常先在室内静摊 1～2 小时，等叶缘水分蒸散，呈萎凋而起微波纹状时，进行第一次搅拌，大约每隔 60～120 分钟搅拌一次。摊叶厚度和搅拌动作随搅拌次数的增加而加厚加重。一般搅拌 3～5 次，最后一次搅拌后静摊 60～80 分钟，待青味消失，散出香气，即可进行杀青。

杀青的温度约 160～180℃。冻顶茶的"炒青→揉捻（或团揉，福建称包揉）→解块→复炒"的程序要重复 3～5 回，一直炒到叶片柔软，香味接近成熟时，即可起锅。

通常冻顶茶杀青后，先放入揉捻机进行初揉，解块焙至半干（即走水焙），此时杀青叶的含水量约为 30%～35%。走水焙后，先行摊凉，再放入四方形的布巾，包裹成圆球形，进行转揉。转揉时，以手工揉和机器揉相结合。转揉机下面是一个平面有轮骨的揉盘，上面由一轴柄带动碗形的机胴，罩着包好茶叶的包团（人工先将包团揉成团）进行揉捻。团揉后解块，接着再焙，然后再用布巾包好，再行团揉，如此反复四五回。这样使水分慢慢散失，同时逐渐形成半球形而条索较紧的茶叶，此亦为冻顶茶特殊的外形。经过以上重复程序，最后采取"两次干燥法"，焙至足干。等到干茶制成，已是鸡啼三遍，东方发白。

第九节　君山银针

君山银针产于号称八百里的洞庭湖中一个秀丽的小岛——君山——上。

这个小巧秀丽的湖岛方圆不过五公里，面积不到一平方公里，位于岳阳城之西，与唐代名胜岳阳楼遥遥相对，君山和岳阳楼也就成了连理，备受人们称颂。宋代诗人黄山谷诗云："未到江南先一笑，岳阳楼上对君山。"登楼望远，君山就像水晶盘中的一颗青螺、镶嵌在银波浩瀚的水面上一块的翡翠。唐代诗人刘禹锡曾写诗赞道："湖光秋色两相和，潭面无风镜未磨。遥望洞庭山水翠，白银盘里一青螺。"唐代诗坛巨匠李白也有"淡扫明湖开玉镜，丹青画出是君山"的名句。从岳阳乘船，顺风扬帆，不要两个小时，就可驶抵君山。"玉镜嵌君山，银盘托青螺"的景观尽收眼底，会使来访者惊叹不已，流连忘返。

君山，一名湘山，又称洞庭山。关于君山的来历，流传着许多美妙的神话传说。一说在 4 000 多年前，舜帝南巡，不幸死于九嶷山下，他的两个爱妃娥皇、女英（又称湘君、湘夫人）前去奔丧，船行到洞庭湖中，被风浪击沉，湖上飘来 72 只青螺，将她们托起聚成君山。二妃南望夫君，只见茫茫湖水，只好扶竹痛哭，泪水渗入地下，后来长出来的竹子就有了似泪滴一样的斑斑点点，故称斑竹，又称湘妃竹。一说古代神话有一女神，叫做湘娥，又称湘夫人。传说湘夫人的神灵住在君山，君山就是湘夫人头上的12条辫子盘结起来的发髻。黄山谷曾有诗："满川风雨独凭栏，绾结湘娥十二环。可惜不当湖水面，银山堆里看青山。"山谷当时是雨中登岳阳楼望君山，非常可惜不能到湖面上，只是从山堆般的白浪中去看青翠的君山，其景其色，令人陶醉，难怪黄山谷当年发出"未到江南先一笑"的绝唱。

相传柳毅传书的故事也发生在君山。君山有一仙井，名字就叫做柳毅井，井水水质甚佳，用以烹茶酿酒，清甘芬芳。

君山海拔90米，是一个小山岛。有大小山峰72座，一峰一名，峰峰有景，而且还伴有多种神奇美妙的故事。四周为银山堆涌，白浪滔天，雾气腾腾，烟波缥缈。土层深厚，土质肥沃，竹森相覆，郁郁葱葱，是适宜茶树生长发育的好地方。据考证，南北朝梁武帝时（502—557年）起，茶叶就纳为贡品。相传君山有48座庙宇，庙庙有茶园。

君山现属湖南省岳阳市所辖，古属岳州。岳州自古就出产名茶，选为贡品。《岳阳风土记》记载："灉湖诸山旧出茶，谓灉湖茶。"据传文成公主于唐太宗贞观十五年（641年）与西藏王松赞干布联姻时，带到西藏的茶叶中就有灉湖茶。清代黄本骥在《湖南方物志》中记载："巴陵君山产茶，嫩绿似莲心，岁以充贡。君山之毛尖，当推湖南第一，虽与银针雀舌诸品相较，未见高下，但所产不多，不足供四方尔。君山茶，色味似龙井，叶微宽而绿过之。"

又据《文献通考》记载，有一种名叫"黄翎毛"的名茶，出产于岳州。所谓"黄翎毛""连心"，都是形容茶芽叶细嫩，茸毫密被，恰似现在的君山银针。

《红楼梦》第41回中贾宝玉品茶栊翠庵，妙玉用陈年的梅花上雪水烹的老君眉，有人说就是君山银针。

君山后来还研制生产了毛尖茶，如今登上君山，到处是绿油油的茶园，真是处处有茶处处香。

君山银针的采茶季节性强，采摘十分细致。早在清代，君山茶就有"尖茶"和"蔸茶"之分。采回的芽叶要经过拣尖，把芽头和幼叶分开。芽头如箭，白毛茸然，称为尖茶。用这种原料焙制成的茶作为贡品，则谓之贡尖。拣尖后（即将茶芽拣出），剩下的幼嫩叶片叫做蔸茶，制成干茶，称为贡蔸，色黑毛少，不作贡品。

以往制君山银针，一直采取拣尖的办法，即在茶园里按一芽一叶的标准采摘，回到室内，再进行拣尖。1953年开始，实行从茶树上直接选芽头采下带回茶厂加工。清明前三天、后十天，是君山银针最好的采制时节。采下的芽头，要求长25～30mm，宽3～4mm，芽蒂长2mm。为防擦伤芽头和影响芽上茸毛，盛茶芽的篮内还要用干净的白布垫衬。这在各种名茶的采摘中乃闻所未闻，其精细则可见一斑。同时还规定九个不采，即雨天不采，雾水不采。紫芽不采，空心芽不采，开口芽不采，风伤芽不采，虫伤芽不采，瘦弱芽不采，过长过短芽不采。

在茶叶分类上，君山银针属于黄茶类。制茶工艺精湛而特殊，茶芽要经过杀青、摊凉、初烘、初包、复烘、摊凉、复包和足火等八道工序才制成成品茶，整个制茶过程历时三天三夜。

杀青的温度比较低，杀青后的茶芽，用炭火低温烘焙至五六成干。摊凉后用双层牛皮纸包好，放置于木箱，历40～48小时，谓之初包。此时银针品质特色基本形成，再置低温烘至七八成干。摊凉后，再行复包，法同初包，置发酵箱中，历22小时，茶芽色泽金黄，发出清香。这时银针品质已形成，再进行低温烘焙，烘至足干，以促进香气的发挥，使银针色、香、味更臻完善。

加工完毕后，还要按芽头肥瘦、曲直、色泽明暗进行分级，以壮、直、亮为上，瘦、曲、暗者为次。拣茶分级的工具和方法也很特殊，盛茶盘须垫衬光滑的纸张，以免有损茶芽和金毫，手势亦十分轻巧。

君山银针的贮藏不仅考究，而且亦属独创，采用石膏收潮。方法是：将石膏烧热捣碎，铺在木箱底层，其上铺两层牛皮纸。再将用牛皮纸包成小包的茶叶置于铺有牛皮纸的石膏上，封好箱盖。只要注意适时更换石膏，茶叶品质久藏不变。

君山银针全由芽头制成。外形紧实挺直，金毫密被，色泽金黄光亮，香气高而清纯，汤色橙黄明亮，滋味爽甜纯厚。

冲泡君山银针时，会出现茶芽在杯中三起三落的景观，历来传为美谈。用玻璃杯冲泡君山银针，开水冲下杯后，只见茶芽冲向水面悬挂竖立，继而徐徐下沉杯底，如此一升一降，往复三次，趣称三起三落。茶芽上浮坚立时，状似群笋出土；茶芽下沉时，令人心旷神怡。美哉！幽哉！

第十节　普洱茶

普洱茶是一种独具风格的名茶，其来历、其产地、其形状、其功效皆具特色，称奇逗趣，古往今来，传为美谈，真是：拐杖变茶传神话，孔雀故乡茶同栖，塑成团饼茶成趣，爱惜不尝性恐尽。

普洱茶因集散地的地名而得名。普洱是云南省思茅地区的一个县名，原不出产茶叶，但为云南南部的重要贸易集镇和茶叶市场。自古以来，澜沧江沿岸各县，包括古代普洱府所辖的西双版纳所产茶叶，都集中于普洱加工，运销各地，因以得名普洱茶。清代阮福在《普洱茶说》中曾对此有记叙，他说："所谓普洱茶者，非普洱界内所产，盖产于府属思茅厅界也。厅治有茶六处：日倚邦、日架邦、日熠崆、日蛮砖、日革登、日易武。此即所谓六大茶山，倚邦、易武最著名，另外勐海、景谷等地之茶，也都会集于普洱，统称普洱茶。"

传说，三国时代刘备的高参武侯诸葛亮（孔明）率兵西征七擒孟获时，来到西双版纳，士兵们因水土不服，患眼病的很多。诸葛亮欲为士兵觅药治眼病，一天来到石头寨的山上，他挂着随身带的一根拐杖四下察看，可是拐杖拔不起来，不一会变成一棵树，发出青翠的叶子。士兵们摘下叶子煮水喝，眼病就好了。拐杖变成的树就是茶树，从此人们始知种茶，始有茶饮。至今，当地的少数民族仍称茶树为"孔明树"，山为"孔明山"，并尊孔明为"茶祖"，每年农历七月十七孔明生日，举行"茶祖会"，以茶赏月，跳民族舞，放"孔明灯"（即一种扎成像诸葛亮帽子的灯）。"孔明山"坐落在西双版纳勐腊县易武乡，最高峰海拔 1 900 米。孔明山周围的六座山后来也都种了茶树，也就是历史上很有名的普洱茶的六大茶山。

　　"拐杖变茶"，这只不过是美妙的神话，十分离奇，不足为信。不过，茶具明目之力倒是有据可查的。但诸葛亮七擒孟获时，只到了云南曲靖一带，并未到西双版纳，其实在诸葛亮七擒孟获之前，西双版纳早就有茶树。据傣文记载，1 700 多年前，西双版纳已栽培茶树。

　　南宋李石《续博物志》云："西藩之用普茶，已自唐朝。"所谓普茶，即今之普洱茶；西藩，即今唐藏地区。唐代樊绰《蛮书》中说："茶出银生城界诸山，散收无采造法，蒙舍蛮以椒、姜、桂和烹而饮之。"银生城界诸山，就是指现在的西双版纳茶区；蒙舍蛮，即指今洱海地区的居民。据记载，宋时普洱县已开始有茶叶市场。

　　从《蛮书》记载来看，唐代西双版纳所产的茶叶还是散茶，要运往外地加工制作。宋以后，普洱茶已成边疆少数民族交易的商品，并运销较远的康藏地区，以及毗邻国家和地区，茶叶"采造法"随之产生和革新，花色品种不断增加。明代谢肇淛《滇略》指出："士庶所用，皆普茶也，蒸而团之。"将散茶蒸压、塑成团饼等多种形状的紧压茶，在中国茶史上由来已久，唐代有月转茶，宋代有龙团、风饼。普洱茶在外形造型上还保留了这些传统风格，将茶叶塑转造型的历史，当在明代谢肇淛写《滇略》之前的宋元时代。

据清初史料记载："普洱名重天下，此滇之所以为产而资利赖者也。入山作茶者数 10 万人，茶客收买运于各处，每盈路，可谓大钱粮矣。"可见 17 世纪初叶，普洱茶生产规模相当之大，十分兴隆。当时，各族商人从丽江领"茶引"到普洱贩茶，马帮结队，络绎于途，运销康藏地区，每年普洱茶贸易量达 10 000 担之多。丽江位于滇西北，靠近康藏，是云南与康藏进行贸易的重要茶市。

普洱茶的原料主要产于云南澜沧江流域，尤以西双版纳一带为最多。古时所谓的"六大茶山"，都分布于西双版纳地区。

西双版纳是孔雀的故乡。传说孔雀是孔雀国公主的化身，她把灿烂的翎毛撒在大地上，大地才长出金黄稻谷、甜蜜的水果、芬芳的茶叶……西双版纳的傣家人唱道："孔雀欢乐得展开金色翅膀，把灿烂的翎羽散在大地上，愿人们幸福吉祥！"

据说在西双版纳的茶山上，如果你有幸，在茶林里就可以见到翎毛绚丽的孔雀，有时还可遇上孔雀开屏。翠绿的茶林中，映出孔雀开屏时的绚丽色彩，更为诱人。

美丽富饶的西双版纳地处云南省西南部，属于热带边

缘，为我国少有的热带地域，也是茶树生长最适宜区。自
然条件优越，气候温暖湿润，一年四季如春，雨水调匀，
土地肥沃，是一个终年披翠的"植物王国"。在这块 2.5 万
平方公里的大地上，被许多呈折扇状的河流切成平顶的高
山和陡狭的河谷，丘陵和盆地交错，天然动植物资源非常
丰富，有连绵不断的原始森林，有世界稀有的珍禽异兽，
有极为雄厚的地下宝藏，还有丰富多彩的茶叶资源。到过
西双版纳的人都会感到满眼是绿，到处有密林。

西双版纳茶区分布于海拔 1 000～1 300 米的地带。普
洱茶主要产地有勐海、澜沧、景谷、普洱等县。勐海是西
双版纳茶区的重要产茶县，产量最多，品质最佳，年产茶 3
万余担。勐海县以茶为特产，故有茶叶城之称。自然条件
得天独厚，气候温暖湿润，终年雾露弥漫，雾日多达 300
天左右，超过了著名的"雾城"重庆，土壤深厚，腐殖质
含量高，质地疏松、肥沃；茶树生长季节长，茶芽一年可
以萌发七八轮，从 2 月上中旬至 11 月下旬，都能萌发出幼
嫩的茶叶供人们采用。

勐海县东 20 里的南糯山出产的普洱茶品质尤佳。南糯
山居住着爱伲族，又称爱伲山。"万壑树参天，千里响杜
鹃"的南糯山，是西双版纳古老的茶山之一。在这座山上
的半坡寨，至今还保留着一株两人合抱不住、号称"茶树
王"的大茶树。其树大似槐，叶大如掌，树高 6 米，树幅
10 米，主干直径达 1.4 米，蔚为壮观。据传树龄已达 800
多年，现已列为国家重点保护文物，已有 20 多个国家的专

家和友人前往考察与观赏。

西双版纳茶区种植的茶树品种都是乔木型的大叶种，统称为石南大叶种。这里茶树树高叶大，茶多酚（即茶单宁）等化学成分含量丰富，加上茶树与樟树间种，混合成林，相得益彰，制成的普洱茶，味具浓醇、回甘、耐泡的特色，品质优异，正是："雾锁千树茶，云开万壑葱，香飘千里外，味酽一杯中。"

普洱茶的花色品类丰富多彩，形状多端，别具风格，历史上有毛尖、芽茶、女儿茶、人头茶等等。

明代谢肇浙《滇略》说："普茶珍品有毛尖、芽茶、女儿茶之号。毛尖，即雨前所采者，不作团。味淡，香如荷，新色嫩绿，可爱。芽茶较尖稍壮，采制成团。滇人重之女儿茶，亦芽茶之类，取于楮雨后。"

清代阮福《普洱茶记》对当时所产的普洱茶花色品类作了进一步说明："二月采蕊极细而白，谓之毛尖，以作贡茶；采而蒸之揉为茶饼，其叶少放而犹嫩者名芽茶；采于三四月者，名小满茶；采于六七月者，名楮花茶；大而团者，名紧团茶；小而圆者，名女儿茶；女儿茶为妇女采于雨前得之，即四两重圆茶也。"

历史上还有一种团茶，大小不等。小者，重不过几两，犹似乒乓球；大者，一团重5斤，形如人头，称为"人头茶"。"人头茶"以春尖等高级普洱茶原料制成，用以进贡王室，民间难得。目前，尚保存有清朝皇帝宫中遗留下来的大小"人头茶"标本数团，百数年完整无损，质地不变，可见其压制技术之精湛。

现代的普洱茶包括普洱散茶和普洱紧压茶两大类，其原料主要是滇青茶。

滇青，又称晒青毛茶，是以云南大叶种的芽叶，经过杀青、揉捻、干燥三道工序加工而成的。过去系采取晒干或阴干的方法进行干燥的，故名晒青。其品质不如烘干的，为了提高普洱茶的品质，滇青的制法有所改进，已改烘干。现在作为普洱茶主要原料的滇青，实际上就是云南大叶种的烘青绿茶。

作为普洱茶原料的滇青毛茶，因采摘时期不同，分为春尖茶、二水茶和楮花茶。各种花色品类的普洱茶，采用的原料和配比方法各不相同，非常讲究，极为复杂。就不同时期采制的茶叶而言，分得很细，取料严格。清明至谷雨所采的茶叶，称为春尖，又因老嫩和时期不同，分为头拨（白毫特多）、二拨（叶肥汁浓）、三拨（叶梗肥大而耐泡），为压制沱茶的原料。芒种至大暑所采的茶叶，称为二水，又分细黑茶、二介茶和粗茶，为压制紧茶的原料。白露至霜降所采的茶叶，称为楮花，白毫特多，亦很细嫩，为制饼茶的原料。

普洱散茶以比较细嫩的滇青做主要拼配原料，经过普洱茶特有的后熟作用而成。

普洱紧压茶以细嫩的滇青为主要原料，还要选用不同等级的粗茶，作为里茶或称包心茶。经过毛茶拼配、筛分、半成品拼配、蒸压、冷却定型、干燥、包装等工序，手续相当复杂。目前普洱紧压茶的花色有沱茶、饼茶、方茶、紧茶、圆茶等。

沱茶形似碗臼，面看像圆面包，底看似小臼，由细嫩的晒青毛茶蒸压而成，为普洱茶中品质最佳的一种。外形紧结端正，色泽乌润多毫，香气馥郁清纯，汤色淡黄明亮，滋味醇厚紧口。云南沱茶集中于云南下关加工。沱茶主要销往西南地区和港澳，法国、意大利、德国、瑞士、比利时、荷兰、卢森堡、美国、新加坡、马来西亚等地也都有销售。

饼茶形状为饼形，系以精制普洱方茶和沱茶的副产品压制而成的。因大小不同，又分小饼茶和大饼茶。大饼茶又名七子饼，因以七饼装一筒而得名，直径 20cm，中心厚 2.5cm，边厚 1.3cm，每块 0.35kg。外形美观，色泽乌润，香气精纯，滋味醇厚带陈，汤色橙黄，叶底匀嫩，主销香港、澳门、新加坡、缅甸、越南、泰国等地。小饼茶直径 11.6cm，中心厚 1.6cm，边厚 1.3cm，每块 0.125kg。色泽灰黄，香气纯正，滋味醇厚微涩，汤色黄明，叶底花杂细碎，主要供应省内藏族同胞饮用。

方茶形状正方形，以细嫩的滇青为原料压制而成。大小规格 10cm×10cm×2.2cm，每块 0.125kg，表面印有阳文"普洱方茶"字样。色泽青绿多毫，香气清浓，滋味醇厚。

紧茶形状原为有柄的心脏形，现改为长方形的砖形。大小规格 14cm×9cm×2cm，每块 0.25kg。色泽乌黑，香气纯带粗气，滋味醇和尚厚，汤色黄红，叶底粗细不匀。

　　普洱茶的传统饮用习俗很多，有烤茶、烧油茶、酥油茶等，但通常的泡饮方法是：将10g普洱茶倒入茶壶，冲入500毫升沸水，冲泡5分钟，即可饮用。

　　古人称普洱茶性温和，具药效，适于烹用或泡饮，且久藏而不变质，越陈越好。清代赵学敏《本草纲目拾遗》云："普洱茶清香独绝也。醒酒第一，消食化痰，清胃生津，功力尤大也。"清代方以智《物理小识》（1664年）记载："普洱茶膏，能治百病，如肚胀受寒，用姜汤散出汗即愈。口破喉嗓受热疼痛，用五分噙过夜即愈。受暑擦破皮血者，研敷立愈。"清代吴大动《滇南闻见录》（1782年）说普洱茶"能消化理气，去积滞，散风寒，最为有益之物。煎熬饮之味极浓厚，较他茶独胜"。经现代医学界专家研究，并通过临床试验，证明普洱茶有抑菌作用，如以100克普洱茶，泡在700毫升水中煎浓，每天服用4次，每次一小茶杯，则可治疗细菌性痢疾。许多事实都说明普洱茶具有醒酒、解酒、消化、美容的奇妙功效。海外侨胞和港澳同胞因普洱茶能生津止渴，醒脾解酒，消食下气，一向珍之为养生妙品。

　　宋代王禹称的《凤茶诗》，原赞咏皇帝所赐的福建贡茶，后半阕对团饼茶的吟咏，脍炙人口，常被近人引用来对普洱紧压茶的赞颂，诗中吟道："香于九畹芳兰气，圆似三秋皓月轮；爱惜不尝唯恐尽，除将供养白头亲。"

第五章　曲艺文化概述

　　曲艺是中华民族各种说唱艺术的统称，它是由民间口头文学和歌唱艺术经过长期发展演变形成的一种独特的艺术形式。曲艺一词，最早见于《礼记·文王世子》"曲艺皆誓之"，然其含义与今却有着较明显的区别。汉·郑玄注："曲艺，为小技能也。"唐·孔颖达书曰："曲艺，谓小小技术，若医卜之属也"，当时的"曲艺"显非今之所指。清末民初后，曲艺之词义已有所嬗移，且已日渐泛指"评书""鼓曲""八角鼓""相声"或"十不闲""莲花落"一类的口头语言艺术形式；但又同时含指其他，如"戏法""杂耍""皮影""傀儡""杠子""舞刀""旱船""玩猴""逗熊""跑驴""打花鼓""秧歌"或民间的"吹、打、拉、弹、唱"等一类的"玩意儿"。

　　曲艺发展的历史源远流长。早在古代，我国民间的说故事、讲笑话，宫廷中俳优（专为供奉宫廷演出的民间艺术能手）的弹唱歌舞、滑稽表演，都含有曲艺的艺术因素。到了唐代，讲说市人小说和向俗众宣讲佛经故事的俗讲的出现，大曲和民间曲调的流行，使说话技艺、歌唱技艺兴盛起来，自此，曲艺作为一种独立的艺术形式开始形成。到了宋代，由于商品经济的发展，城市繁荣，市民阶层壮

大，说唱表演有了专门的场所，也有了职业艺人，说话伎
艺、鼓子词、诸宫调、唱赚等演唱形式极其昌盛，孟元老
的《东京梦华录》、耐得翁的《都城纪胜》都对此作了详细
记载。明清两代及至民国初年，伴随资本主义经济萌芽，
城市数量猛增，大大促进了说唱艺术的发展，即一方面是
城市周边地带赋有浓郁地方色彩的民间说唱纷纷流向城市，
它们在演出实践中日臻成熟，如道情、莲花落、凤阳花鼓、
霸王鞭等；一方面一些老曲种在流布过程中，结合各地地
域和方言的特点发生着变化，如散韵相间的元、明词话逐
渐演变为南方的弹词和北方的鼓词。这一时期新的曲艺品
种，新的曲目不断涌现，不少曲种已是名家辈出流派纷呈。
我们今天所见到的曲艺品种，大多为清代至民初曲种的
流传。

　　曲艺文学（演出曲目、书目脚本）有韵文、散文和韵、
散相间等文体；按其曲目、书目脚本的篇幅、结构和内容
容量等，则又有短篇、中篇和长篇之分。其音乐（声腔、
伴奏音乐）体式主要有曲牌联套体、单曲体、板腔体（亦
称板式变化体）、曲牌板腔混合体、板式韵诵体、板式韵数
体、韵白体和散白体等等曲艺音乐结构方式。而其表演则
主要有散说、韵唱、韵诵、韵唱散说相间和韵诵散说相间
等演出艺术方式。而无论哪种方式，一般又都着重讲究要
辅以传神和画龙点睛式的表情动作；尤讲运用包括语言、
语音、声腔、声调和手、眼、身、法、步等等艺术手段在
内的，对节目中人和事的学、做和模拟；而其学和做，以

及其说、唱、诵等，则又均系由演员以叙述者的身份加以进行，不作按情节、人物分角色式的扮演，这是它与戏曲、话剧、电影或电视等演员们的扮演性的表演的质的区别。即所谓戏剧者"现身中之说法"也；而曲艺者则为"说法中之现身"也。

在长期的艺术实践中，作为整体性的曲艺艺术，还积累并形成了如"使扣子"（制造引发欣赏者悬念的艺术手段）"纂梁子"（敷衍故事）"抖包袱"（制造引发欣赏者笑声的艺术手段）等颇具程式性的特定艺术表现技巧，它们也造就形成了中国曲艺所特有的民族风格与民族传统。

说唱艺术虽有悠久的历史，却一直没有独立的艺术地位，在中华艺术发展史上，说唱艺术曾归于"宋代百戏"中，在瓦舍、勾栏（均为宋代民间演伎场地）表演；到了近代，则归于"什样杂耍"中，大多在诸如北京的天桥、南京的夫子庙、上海的徐家汇、天津的"三不管"、开封的相国寺等民间娱乐场地进行表演。中华人民共和国建立后，给已经发展成熟的众多说唱艺术一个统一而稳定的名称，统称为"曲艺"，并进入剧场进行表演。

据调查统计，我国仍活跃在民间的曲艺品种有 400 个左右，流布于我国的大江南北，长城内外。这众多的曲种虽然各自有各自的发展历程，但它们都具有鲜明的民间性、群众性，具有共同的艺术特征。其表现为：

（1）以"说、唱"为主要的艺术表现手段。说的如相声、评书、评话；唱的如京韵大鼓、单弦牌子曲、扬州清曲、东北大鼓、温州大鼓、胶东大鼓、湖北大鼓等鼓曲；似说似唱的（亦称韵诵体）如山东快书、快板书、锣鼓书、萍乡春锣、四川金钱板等；又说又唱的（既有无伴奏的说，又有音乐伴奏的唱）如山东琴书、徐州琴书、恩施扬琴、武乡琴书、安徽琴书、贵州琴书、云南扬琴等；又说又唱又舞的走唱如二人转、十不闲莲花落、宁波走书、凤阳花鼓、车灯、商雒花鼓等。正因为曲艺主要是通过说、唱，或似说似唱，或又说又唱来叙事、抒情，所以要求它的语言必须适于说或唱，一定要生动活泼，洗练精美并易于上口。

（2）曲艺不像戏剧那样由演员装扮成固定的角色进行表演，而是由不装扮成角色的演员，以"一人多角"（一个曲艺演员可以模仿多种人物）的方式，通过说、唱，把形形色色的人物和各种各样的故事，表演出来，告诉给听众。因而曲艺表演比之戏剧，具有简便易行的特点。只要有一两个人，一两件伴奏的乐器，或一个人带一块醒木，一把扇子（评书艺人所用），一副竹板儿（快板书艺人所用），甚至什么也不带（如相声艺人），走到哪儿，说、唱到哪儿，与听众的交流，比之戏剧更为直接。

（3）曲艺表演的简便易行，使它对生活的反映比较快捷。曲目、书目的内容多以短小精悍为主，因而曲艺演员通常能自编、自导、自演。与戏剧演员相比，曲艺演员所肩负的导演职能，尤为明显。比如一个曲目、书目，或一个相声段子，在表演过程中故事情节的结构、场面的安排、场景的转换、气氛的渲染、人物的出没、人物心理的刻画、语言的铺排、声调的把握、节奏的快慢等，无一不是由曲艺演员根据叙事或抒情的需要，根据对听众最佳接受效果的判断，来对说或唱进行统筹安排或调度，导演出一个个令听众心醉的精彩节目。

（4）曲艺以说、唱为艺术表现的主要手段，因而它是诉诸人们听觉的艺术。也就是说曲艺是通过说、唱刺激听众的听觉来驱动听众的形象思维，在听众形象思维构成的意象中与演员共同完成艺术创造。曲艺表演可以在舞台上进行，也可划地为台随处表演，因而曲艺听众的思维与戏剧观众相比，不受舞台框架的限制，曲艺所说、唱的内容比戏剧具有更大的时间和空间的自由。为了把听众天马行空的形象思维规范到由说、唱营造的艺术天地之中，曲艺演员对听众反应的聆察更其迫切，也更为细致，因而他与听众的关系，比之戏剧演员更为密切。

（5）为使听众享受到如闻其声，如见其人，如临其境的艺术美感，曲艺演员必须具备扎实的说功、唱功、做功，并需具有高超的模仿力。只有当曲艺演员具有活泼的动人技巧，对人物的喜怒哀乐刻画得惟妙惟肖，对事件的叙述引人入胜，才能博得听众的欣赏。而上述坚实功底之底蕴是来自曲艺演员对现实生活的观察、体验与积累，以及对历史生活的分析、研究和认识。这一点对一个曲艺演员显得尤为重要。

以上是400个左右曲艺品种艺术特点的不同程度的近

似之处，是它们的共性。而 400 多个曲种各自独立存在，自有其个性。不仅如此，同一曲种由于表演者之各有所长，又形成不同的艺术流派，即使是同一流派，也因为表演者的差异各有特色，这就形成曲坛上百花争艳的繁荣景象。

1949 年 7 月全国第一次文代会闭幕后，国家正式批准成立了中国曲艺改进协会筹备委员会，专在全国范围内开展曲艺艺术活动。特别是 1951 年政务院在《关于戏曲改革工作的指示》中明确指出："中国曲艺形式，如大鼓、说书等，简单而又富于表现力，极便于迅速反映现实，应当予以重视。除应大量创作曲艺新词外，对许多为人民所熟悉的历史故事与优美的民间传说的唱本，亦应加以改造采用"。从此，"大鼓"或"说书"等一类的口头语言艺术形式逐渐有了更明确的界定，像"评书""评话""相声""快书""时调""单弦""清音""弹词"，以及像"坠子""琴书""道情""锦歌""鼓子""曲子""京韵""二人转""好来宝""赞哈"和"大本曲"等，便被统称为曲艺，不再与杂耍、戏法等混杂在一起。

中华曲艺历史悠久，其渊源可上溯到我国先秦、两汉的"稗官小说""唱成相""杂赋"，以及宫廷里的"俳优笑话、故事"等，不过一般认为至唐代才真正有了艺术上较为完整的"说话""俗讲""俗赋"及"词文"等曲艺艺术形式。到了两宋，曲艺的发展则更进入了兴盛时期。在这一时期内，不仅形成了"鼓子词""诸宫调""陶真""说诨话"和"学像生"与"唱赚"等较为成熟的曲艺艺术形式，出现了孔三传、张五牛和张山人等一大批在艺术上有着较深造诣的曲艺艺术家，而且还出现了"勾栏""瓦舍"等可供曲艺（包括其他伎艺）艺术家们专门演出的场所与场地。金、元、明专门说唱长篇故事内容的"平话""词话"等又有了长足的发展。至清，我国的曲艺艺术则更成长为一株枝展叶茂的参天大树，具有今天较为流行的曲艺艺术形式。

总之，曲艺是我国一种古老而独特的传统口头语言艺术形式，它有着悠久的历史，而在漫长的历史发展过程中，形成了诸多的曲艺艺术品种和独特的艺术个性。中华人民共和国成立后，我国的曲艺艺术更是进入了一个说新、唱新、演新的全面发展的新时期，对中国艺术史做出了影响深远的贡献。

第六章　中国古代曲艺史

第一节　古代曲艺雏形

萌芽状态中的古代曲艺（上古—公元618年）。

由于缺乏切实可靠的文字记载和史料、文物的印证，对于唐以前，我国古代的曲艺究竟是个什么样子，是怎样产生、形成以及怎样演变发展的，至今我们还难于做出确切的定论。尽管如此，依据某些相关的史料，我们也还是能够捕捉到它的一些踪影，或追溯到它的某些轨迹，从而，找寻到我国古代曲艺艺术的大体端倪和概貌。

从流行于我国汉代"稗官小说"这种古老文化中，类似今天漫谈（朝鲜族古老曲种，以单人讲笑话讲故事为主）、评话、单口相声和说书这样一些以讲故事或讲笑话为主的文化形式，我们不难看到我国古代曲艺艺术的轮廓或影子。所谓"稗官小说"，与今天我们所说的小说很不相同：首先说"稗官"，其实他们并不是当时所说"小说"的真正的作者，只不过是一些专门为当时的官府或王侯们去采集搜寻或记录整理里巷风俗以及民间遗闻与旧事的小官吏。如鲁迅先生所说："稗官者，职惟采集而非创作。"（《中国小说史略》）所谓"小说"，其实也仅仅是一些由

"稗官"们所采集、搜集或整理记录下来的，由民间艺人或巫师与方士们所传、所讲、所说和所编的间闻旧俗的笑话与故事而已。基于当时的官家和王者往往把它们习称为"残丛小语"或"小说"，后来班固在《汉书·艺文志》中也就有了"小说家者流，盖出于稗官，街谈巷语，道听途说者之所造也"这样的概括。《汉书·艺文志》所著录的这类小说家的著作计有 15 种。这些"小说"虽因散佚而难详其貌，但是，根据它们的篇名大致可以看出它们包括如下内容：民间艺人们所讲的里巷风俗，以巫医魇祝为业的方士们所传、所编的神鬼故事，社会游说之士们借故事、笑话或譬语所阐述的有关学说或事理等。这种情况给了我们一个较为明显的提示：在我国的古代，至少是在汉代的民间，的确存在着说故事与说笑话的曲艺艺术的因素。当然它们还不是像今天这样成熟了的曲艺艺术，然而，这样一些在汉代就存在着的民间的曲艺艺术因素，却正是我们今天曲艺艺术的源头或滥觞。

从我国先秦时代唱"成相"的古老传统，我们也不难看到类似今天数来宝、莲花落或渔鼓道情等以韵诵或吟唱为主的曲艺艺术的雏形。

"成相"是战国时期一种流行于民间的吟诵歌谣的艺术形式。"成"即吟成、哼成、歌成或编纂成的意思，而"相"则是一种由古代舂米或筑地时所使用的杵、夯一类劳动工具演变、发展而成的击节性乐器。古人从事繁重劳动，为减轻疲劳或协调动作，往往都要击"相"而歌：舂米时

要击"相"唱春歌；筑地时要击"相"吟筑词；而夯基、
杵土，则也要击"相"哼喊或喝唱劳动号子。尤其是当人
们从事大型或更加繁重的群体性劳作时，甚至还要有人来
单独击"相"领唱高歌。《韩非子·夕卜储说左上》谈到宋
王偃建筑武官时，就有"讴癸倡（即唱），行者止观，筑者
不倦"的记载，其中所提到的"讴癸"的"癸"，就是一位
名字叫"癸"的专门单独从事领唱的人。当时不仅劳作时
要击"相"哼歌，甚至婚丧嫁娶也要击"相"而歌。《礼记
·曲礼上》就有"邻有丧，春不相"的记载。可见击"相"
哼歌的活动在当时很盛行。久而久之，"成相"渐渐地就变
成了当时人们哼唱各类歌谣活动的一种统称或代名词。清
人俞樾据此而认为："盖古人于劳役之事，必为歌讴以相劝
勉"，而"其乐曲即谓之相。"（见《诸子平议》卷十五）这
论断，看来是符合实际的。《汉书·艺文志》"杂赋"类中
曾录有《成相歌辞》共 11 篇，俱已散佚，今已无法得见。
现在还能见到的，只有战国时人荀况仿当时民间《成相歌
辞》所作的《成相篇》三首。其中第一首的开端是这样
写的：

请成相，

世之殃，

愚暗愚暗堕贤良。

人主无贤，如瞽无相，何伥伥！

据此看来，其语体方面大致上是三、三、七和四、四、
三的基本句式，而其全篇则又基本上是以四句为一韵的。

其句式和韵脚，不仅节奏鲜明，铿锵顿挫，而且也易记、易吟、易诵、易于演唱和上口。这还不过是荀况的仿作，想来民间所传的口头之作，会比这更精彩有趣得多了。

总之，无论是从"成相"歌辞语体的基本句式、节奏与韵律方面看，或者还是从其整体结构、总的布局，以及它击"相"而歌的演唱方式看，我国先秦时代被称之为"成相"的这种古老的文艺形式，确是很有些近似于今天在我国仍然流行着的渔鼓道情、莲花落和数来宝等民间说唱形式。当然，我们说它近似，并不意味着在先秦时代就已经有了像今天的渔鼓道情、莲花落或数来宝这样成熟的曲艺形式。但是，不管从哪个角度而言，"成相"对于我国后世曲艺的影响，都有肇其先河的意义，这是不可忽视和低估的。

我国春秋战国时代就已经出现了"俳优"。"俳"，即指我国古代的杂戏、滑稽戏等；"优"，是对我国古代以从事音乐、歌舞、杂技或滑稽表演等为业的各类艺人的统称；而所谓"俳优"，则是对古代以乐、舞、滑稽、谐戏或戏谑等为业的艺人们的一种泛指。从他们所讲嘲弄、讽谏、谐趣、滑稽、戏谑、笑话、故事和汉代乐舞艺人们吟唱乐府诗歌中"相和歌辞"（即由一人击节而歌，而旁有丝竹、管弦相伴相和的一种唱诗活动）来看，传世之作颇多（据其名篇《陌上桑》等所编鼓词，至今仍是西河大鼓等不少现代曲种的传统节目）。在这些古老的传统文化方式中，我们同样也能够看到，在它们之中所包含着的类似今天相声、独角戏、弹词、小唱和鼓曲等以说或以唱为主的我国古代曲艺的某些面容与神态。自然，它们也仍然只是包含在古老传统表演形式中的一些曲艺艺术的因素，我们还只能称之为我国古代萌芽状态中的雏形曲艺。

第二节　唐代曲艺

以"俗讲"为代表的唐代曲艺（公元618—960年）。

我国的曲艺，发展到了唐代，情况与之前就大不相同了。这时，在民间的各类社会生活沃土里，经历了由秦汉魏晋南北朝直至隋唐近千年岁月的孕育之后，处于萌芽状态中的曲艺，到了中、晚唐时期，终于勃发成长起来，不仅形成了较为完整的演唱形式，有了专门或半专门的演出场地——"变场"或"讲院"，而且也出现了较为成熟的演唱作品和在艺术上造诣颇高的演唱艺术家。

在演唱形式上除俗赋、歌辞、词文和说话之外，这段时期内最活跃和最有影响的当属"俗讲"这一演唱形式了。俗讲原由我国南北朝时期僧人讲唱经文的活动演变发展而成，因僧人向俗众求得布施而面对他们讲唱经文故事（实为卖艺）而得名。到了唐代，除僧家们的"俗讲"之外，同时也还有了道教的"俗讲"。

佛教的"俗讲"，大致上包括两种方式：或逐字逐句地"讲唱经文"（其文字脚本称为"讲经文"），或以讲唱佛经故事为主的"讲唱变文"（其文字脚本称为"变文"）。"变文"也简称为"变"，即变异；而"文"则是把正式的经义，演变为文的意思。所谓"变文"实际上就是把正式的经义，变异成为述事、述文、述趣为主，而不以述经、述义、述理为本的佛经故事的演唱艺术作品。而"俗讲"中的"讲唱变文"又称为"转变"。"转"即"啭"，也就是辗转、转折的发声讲说或婉转歌唱之意。而所谓有"转变"，也即婉转的讲唱"变文"之意。后来再进一步发展，又有了以讲唱佛经故事为主的所谓"经变"和以讲唱民间或社会、历史、现实生活故事为主的所谓"俗变"之分。

据我们所能见到的资料，无论是"变文"或"讲经文"，就语体和文体而言，它们又都是以韵、散相间为主的。另就其一部或一段可供演出或是较为完整的"变文"或"讲经文"的制式结构而言，它们又都有开场文和收束语。开场文类似今天曲艺里弹词的开篇，评书、评话中的定场诗，或是相声中的垫话；而这种艺术结构方式，当时在"俗讲"中，统称为"押座文"。其收束语，则类似今天曲艺评书里的剪口，弹词、评话里的落回，或相声里的底活艺术结构方式；在"俗讲"中又被统称为"取散""解座"或"解座文"等。

有关"俗讲"的具体演出方式大致是这样的，即开讲时有一位主讲者端坐于中间讲唱，而旁边除帮唱和音乐伴奏者之外，还有专门的人掀动一幅幅事先画好的画卷，以便配合说明内容，招徕听客，辅助主讲者唱说。这类画幅，在当时被称为"相"或"变相"。而以穿插画幅配合其内容的演出方式，则又被统称为"变相""变文"的"俗讲"。

由此不难看出，当时唐代的"俗讲"演出，已达到精彩动人的程度。可以说并不逊于今天某些以幻灯加快板，或加唱的曲艺演出。

至于"俗讲"的演出场地、作品与著名演唱艺术家的情况，在这里我们也只能做一点简单介绍。

由于当时的社会欣赏时尚和宫廷官府的提倡，以及"俗讲"所具有的特殊艺术魅力，俗讲在当时寺庙、经院或道教玄观里的讲唱演出，其规模状况，都是非常红火和炽烈、壮观的。以唐会昌元年（841年）的一次"俗讲"活动为例，其场面之盛就令人瞠目。

据日僧圆仁《入唐求法巡礼行纪》记载，这次活动不仅有"左、右街七寺开'俗讲'"，有海岸、体虚、齐高、光影、文溆等数十名僧人及"华严""法华""涅槃"等五六场不同的节目同时上演，而且"从正月十五日开场，至二月十五日结束"，一演就是一月整，堪称洋洋大观。佛教的"俗讲"演出是如此，再看看道教的"俗讲"演出。唐代诗人韩愈在其《华山女》诗（《全唐诗》卷三四一）中是这样描绘的：

街东街西讲佛经，撞钟吹螺闹宫廷。

广张罪恶恣诱胁，听众狎恰排浮萍。

黄衣道士亦讲说，座下寥落如明星。

华山女儿家奉道，欲驱异教归仙灵。

洗妆拭面着冠帔，白咽红颊长眉青。

遂来升座演真诀，观门不许人开扃。

不知谁人暗相报，訇然振动如雷霆。

扫除众寺人迹绝，骅骝塞路连辎軿。

观中人满坐观外，后至无地无由听。

由此不难看出，道界"俗讲"演出的盛况，也不在佛界演出之下，而且双方是以擂台赛的演出方式进行的。

其次，说说它们的演出场地。当时"俗讲"的演出，除了集中于佛寺、道观或跻身于"歌台""舞台"，以及百戏杂陈的"戏场"之外，还有像"变场"或"净土变"这样一些专门的演出场地。

"变场"一词最早见于唐·段成式的《酉阳杂俎》一书。在《酉阳杂俎》前集卷五中有这样的记载："……其僧又言：'不逞之子弟，何所惮！'秀才忽怒曰：'我与上人素未相识，焉知予不逞徒也？'僧多大言：'忽酒旗，玩变场者，岂有佳者乎！'"这段话对于"变场"的具体情况，虽未作更多的交代，但是"变场"是听"变文"演唱的娱乐场所，却是讲清楚了的。至于"净土变"，则是从敦煌石窟中发现了"净土变"的壁画文物后，我们才得知的。"净土变"壁画画幅中常见一种建在水上，类似水榭，四周有着小栏杆，地上铺着华美地毯的表演场地；而这类表演场地画得这样具体、合理，想必当有一定的现实依据。

当然，无论是"变场"或是更为高雅的"净土变"，它们除演出"俗讲"外，自然也还会有其他演出，不过，既称之为"变场"，那么，它们以演出"俗讲"为主，当是无疑的了。由此可见，当时的"俗讲"或其他类型的演出，在社会生活中已是相当活跃和占有重要位置的。

再说说"俗讲"艺术的发展。毫无疑问，"俗讲"是在佛、道教讲经、唱法的基础上衍生发展起来的，而且一直都是由僧人、道长或道姑们所掌握着的。不过，这不等于说"俗讲"就是完全被禁锢在僧院、寺庙或道观中，而没有什么发展和变化。实际上在当时，特别是到了唐代末年，它就有了突破性的发展。从唐末诗人吉师老所写《看蜀女转昭君变》（《全唐诗》卷七七四）的这首诗中，可以明显地看到这种变化、发展的情况。诗是这样写的：

妖姬未着石榴裙，自道家连绵水滨。

檀口解知千载事，清词堪叹九秋文。

翠眉颦处楚边月，画卷开时塞外云。

说尽绮罗当日恨，昭君传意向文君。

诗文虽较简单，但从中我们却可以看出：①这位蜀女唱的是"俗讲"，而且是带有"变相"画图的变文俗讲，她是一边唱一边掀动着画卷的。②她唱的是"俗变"，因其所唱内容是非经文的昭君历史人物故事。③最重要的是这位敲着檀板、唱着清词和未穿石榴裙的蜀女，是一位民间女艺人，或是来自民间的女歌手，绝非僧者或道姑，因为她不仅是有家的，而且是住在蜀（今四川）地锦水边上的。

由此，我们不难判明，至少是在诗作产生的年代，"俗讲"即已越出了寺院、道观而流向了民间，打破了由法师或道姑们主宰着演唱的一统的局面，开始演变成为一种以击节檀板而歌的民间或半民间的曲艺演唱艺术。

关于"俗讲"的艺术作品。19 世纪末，随着敦煌石窟藏经洞文物的发现，使我们不只亲眼目睹了"俗讲"艺术脚本"讲经文"和"变文"的文字作品真貌，而且还得到了像《维摩诘经讲经文》《佛说阿弥陀经讲经文》《丑女缘起》《欢喜国王因缘》和《伍子胥变文》《李陵变文》《王昭君变文》《目莲变文》《张义潮变文》以及像《丑变》《八相变》与《破魔变》这样一些"俗讲"艺术的珍品。这些作品，不仅语言精彩，结构完整，而且其故事性强，人物形象也塑造得鲜明生动，有着很高的文学价值和艺术史料的价值。

"俗讲"艺术的发展也培育了不少著名的演唱艺术家。自 7 世纪末至 10 世纪初，在"俗讲"艺术兴旺发达的这段漫长的岁月里，根据记载，比较知名的演唱艺术家有海岸、体虚、齐高、光影、矩令费等，而特别负有盛名的，则是文溆这位出类拔萃的"俗讲"之星。

文溆，大约是唐元和至会昌年间（806—846 年）的著名"俗讲"艺术僧人，其生卒年月不详。据唐·赵磷《因话录》卷四讲："有文溆僧者，公为聚众谭（谈）说，假托经论……听者填咽寺舍，瞻拜崇奉，呼为和尚。教坊效其声调，以为歌曲。"唐·段安节《乐府杂录》也说："长庆中，俗讲僧文溆善吟经，其声婉畅，感动里人。乐工黄米饭依其念四声观世音菩萨，乃撰此曲。"曲名即为"文溆子"。宋·司马光《资治通鉴·唐纪·敬宗纪》中也有关于文溆僧讲唱的记载："宝历二年六月己卯，上幸兴福寺，观沙门文溆俗讲。"另,宋代李昉等所编《太平广记》卷二〇四"文宗"条引《卢氏杂说》中,还记述了他的讲唱对于当时宫廷的影响:"文宗善吹小管,时法师文溆为人内大德,……上采其声为曲子,号《文溆子》。"

这些众口一音的记载,都说明了文溆的讲唱有着迷人的魅力,取得了巨大的成就。他称得上是我国曲艺艺术史上的一位艺压群芳的大师。

除"俗讲"外,在我国唐代的曲艺中,也还有着"说话""俗赋""词文"以及"歌辞"等演唱艺术形式。

"说话",即一种说故事的艺术形式。"说"即讲之意,"话"在古代即是故事的统称。而"说"与"话"连在一起,就是讲故事,在当时是一种以散说或韵、散相间的口头语言来反映生活、塑造形象的演唱艺术。其代表作品较多,除《一枝花话》(已佚)外,还有《卢山远公话》《韩擒虎话本》《唐太宗人冥记》《叶净能诗》《秋胡变文》和《苏武与李陵执别词》等作品。"俗赋",是流行于我国唐代的一种以韵诵为主的口头语言的艺术。较有代表性的作品有《韩朋赋》《燕子赋》《晏子赋》《孔子项托相问书》《茶酒论》等。"词文",也是在我国唐代一种较为流行的以吟唱为主的口头语言艺术形式。其传世之作有《大汉三年季布骂阵词文》《董永变文》和《季布诗咏》等。"歌辞",则是流行在当时的又一种以吟唱小曲、小调或民间歌谣为主的演唱艺术形式。其传世之作颇丰,较有代表性的,如《五更转》《十二时》,以及《百岁篇》和《南歌子》等。

第三节　两宋曲艺

步入繁盛时期的两宋曲艺（公元 960—1279 年）。

曲艺发展到两宋时期，不仅枝繁叶茂，而且更加绵展延伸，与其他表演艺术交错连理，生长成了一片片葱葱郁郁的茂林绿茵，进入了兴旺发达的全盛时期。

这一时期，发展并形成了"唱赚""覆赚""涯词""合生""商谜""说药""学乡谈""学像生""鼓子词""嘌唱""小唱""叫果子""耍令""唱京词""弹唱因缘""说诨话""陶真""唱拨不断""说话"，以及"说诨经"与"诸宫调"等等一大批名目繁多的演唱艺术形式，与之相应，从城市到乡村，也形成了一种演唱和欣赏曲艺艺术的热潮。

据宋代《东京梦华录》《都城纪胜》《西湖老人繁胜录》《梦粱录》和《武林旧事》等书记载，这一时期的曲艺，除在酒楼、茶肆、庙会、宫廷、私人宅第，或以打野呵（街头、露地）方式进行零散的演出之外，也常在较固定的勾栏、瓦舍进行集中的商业演出。这时有名有姓的曲艺艺人，有 300 余位。他们之中较有代表性的有：演"说药"的乔七官，演"学乡谈"的方斋郎，"唱拨不断"的张胡子，演"唱京词"的蒋郎妇，唱"小唱"的李师师，唱"嘌唱"的王京奴，唱"叫果子"的文八娘，唱"耍令"的郭双莲，唱"吟叫"的姜阿得，演"商谜"的马定斋，演"合生"的吴八儿，唱"诸宫调"的孔三传，唱"弹唱因缘"的陈端，唱"覆赚"的张五牛，以及演"说话"的贾九，演

"说诨话"的张山人和在南宋时期演"说话"的小张四郎等，共 90 余人。

据以上各书分别记载，在这一时期内，曲艺演出场地之多和演出节目之盛，也都令人目不暇接。宋崇宁、大观年间（1102—1110 年），仅在京城之内即有东瓦、西瓦、中瓦等 17 处，而遍散在城外的各种瓦子、勾栏又有 50 余处。其中有些瓦子之大，也很惊人，如城里中瓦子的牡丹棚、莲花棚和夜叉棚等，同时可容数千人一起观赏演出。

自然，在各类勾栏、瓦舍中，不可能都是演出曲艺，不过，曲艺演出所占比例较大，也是事实。《西湖老人繁胜录》中就有"一世只在北瓦，占一座勾栏说话，不曾去别瓦作场，人叫做小张四郎勾栏"的记录；另在《东京梦华录》中，也记载了在瓦舍中专说"三分"（即"三国"）的霍四究，专说"五代史"的尹常卖，专演"史书"的孙宽，专说"小说"的李慥和专演"说诨话"的张山人的事例；以及《西湖老人繁胜录》中也有当时临安北瓦的 13 座勾栏中就有两处是"专说史书"即专门演曲艺的记载。至于演出节目的繁盛情形，据当时并不完全的记载，即有 117 种之多。《醉翁谈录》的著录所载，在这些节目中，名篇佳作有"三国志平话""五代史平话""大唐三藏取经诗话""清平山堂话本""古今小说""大宋宣和遗事""花和尚""武行者""青面兽"和"杨公令"与"五郎为僧"等。

这一时期，在农村的曲艺活动也比较活跃，其热闹景象，在陆游《小舟游近村舍舟步归》的诗句里，就作了很形象的描绘："斜阳古柳赵家庄，负鼓盲翁正作场，死后是非谁管得，满村听说蔡中郎。"由此可知，曲艺艺术活动的繁盛，在当时农村，事实上也并不比在城市逊色。

下面，再讲一讲这一时期一些较主要演唱形式的特点。

先说"说话"。两宋的"说话"，与唐代的"说话"艺术一脉相承。但又有了较大的发展变化。"说话"在这一时期出现了像"小说"（银字儿）"讲史""说经""说参请"和"说公案""说铁骑儿"的不同的家数、流派之外，它的另一个比较突出的成就，即是在说讲技艺方面也进入到了一个较高的层次。正像宋代罗烨在《醉翁谈录》中所讲的，这一时期的"说话"，一方面提出应讲究要"曰得词，念得诗，说得话"和"使得砌（制造喜剧性的效果）"；另一方面，还要求演出有高水平，能够"只凭三寸舌，褒贬是非，略圈万余言，讲论古今"；"说收拾寻常有百万套""谈话头动辄是数千回"；以及说讲时，要"讲论处不滞搭、不絮烦，敷衍处有规模、有收拾""冷淡处提缀得有家数，热闹处敷衍得越久长""说国贼怀奸从佞，遣愚夫等辈生嗔""说忠臣负屈衔冤，铁心肠也须下泪"。这里所记录的，不过都是由宋代"说话"艺人们不断创造和积累的艺术经验。所有这些都十分清楚地表明，当时"说话"的表演艺术技巧，已经有了相当系统的发展。自然，所有这些宝贵艺术经验，对后世的曲艺艺术的发展，产生了深远的影响。

此外，这一时期"说话"艺术的节目，也比以前更加丰富和有了更大的发展。除上述《三国志平话》和《大宋宣和遗事》等节目外，还陆续出现了《中兴名将传》《碾玉观音》《莺莺传》《姜女寻夫》《快嘴李翠莲》《芭蕉扇》《燕子楼》等 140 多种节目。在这段时期内，还出现了像张山人、丘机山与小张四郎等 120 余位的"说话"艺术名家。

最后说一下"鼓子词"。它是两宋曲艺的新品种，有只唱不说和唱、说相间的两种演唱方式。它的唱，无论在哪种演唱方式中，一般都必须按一种词调加以吟唱或反复咏唱；同时，无论哪种演唱方式都要用鼓来伴奏，所谓"鼓子词"，就是因此而得名。鼓子词广泛盛行于北宋，传世之作有北宋欧阳修的《十二月鼓子词》（渔家傲）和赵令畤所写的唱、说相间的《元微之崔莺莺商调蝶恋花鼓子词》等。而后者对金元时期董解元的《西厢记诸宫调》有着较大的影响。

第四节　金、元、明曲艺

长篇讲史"平话"为主流的金、元、明时代的曲艺（公元 907—1644 年）。

由于战乱、饥荒，特别是由于元、明两代帝王和官府的严令取禁，我国的曲艺到了金、元、明的时代，就由两宋的辉煌峰巅落到了低谷。元代官府曾颁令："……若不务本业习学散乐，般唱词话，并行禁约。""在都唱琵琶词货郎儿人等……蒙都堂议得，拟合禁断。"朱元璋时则更凶，曾降旨："学唱的割了舌头。"因此连前代人所创的不少演唱艺术形式等，也大多都归为失传。

尽管如此,在这一时期内,特别是到了明代后期,以演说长篇历史故事为主的曲艺形式如"平话""词话"等,却又异军突起,并走上了长足发展的道路。更令人惊异的就是在这一历史时期内,还出现了像柳敬亭这样的杰出的说书巨匠。

在演唱形式方面,于"平话"和"词话"之外,这一时期又出现了"陶真""散曲""宝卷""弹词",特别是"诸宫调"演唱形式的新发展。

所谓"诸宫调",是以押韵形态的口头语言为主,以散说形态的口头语言为辅,于散说外,由若干不同宫调的曲牌结构与相应的乐曲音乐成分有机结合,共同组合而成的一种说唱艺术样式。而其诸宫调之名也因多个宫调而得。这种演唱艺术形式,据宋代王灼的《碧鸡漫志》中讲,是由北宋演唱名家孔三传于熙宁至元事占(1068—1093年)时期内创制的。然而,在两宋除只留下了南宋演唱名家张五牛的《双渐苏卿诸宫调》外,没有留下更多的资料。不过,到了金、元时期,它却又出现了一些戏剧性的奇迹。在金代短暂的"艺术生命"里,最令人赞扬的,便是留下了《刘知远诸宫调》(已残)和《西厢记诸宫调》这样两部我国曲艺史上的杰出作品。前者是无名氏的作品,而后者则为董解元(解元系对当时读书人的统称,非真名)的创作。尤其是《西厢记诸宫调》,不仅结构宏伟、情节曲折感人,而且语言和人物形象的塑造,也都极为鲜明、生动。更值得称道的是,它对略晚于它的我国戏曲史上的名著王实甫《西厢记》杂剧，实际上起到了蓝本般的作用。

"平话"，是两宋的"说话"进入到元、明之后的新的称谓，也是"说话"艺术的一种统称。为什么到了元、明时代要用"平话"取代"说话"呢？这多半与它更侧重长篇说部和以"讲史"的书目为主有关。因为这类书目在宋代都是被称作某某"平话"的，如"三国志平话""五代史平话"等。

有关"平话"的书目，在元、明之间又略有不同。在元代，其书目仍承袭前代的主要节目。当然，在书目的定型化方面元代也是作出了重要贡献的。比如《武王伐纣书》《秦并六国》《七国春秋》《前汉》和《三国》的"全相平话"五种，和《薛仁贵征辽事略》《吴越春秋连相平话》等名作，都是这段时间刻印成册的。到了明代，特别是到了明末，除上述书目又出现了《列国》《英烈》《包公》《海公》《杨家将》等长篇说部。特别是广泛反映市民生活的"三言"（《警世通言》《醒世恒言》《喻世明言》）和"二拍"（《初刻拍案惊奇》《二刻拍案惊奇》），这几部由冯梦龙和凌濛初编撰的话本和拟话本的刻印出版，写下了中国话本史的新篇章。

"词话"，是一种远承于唐代的"词文"，而近袭于两宋"说话"中的"小说"（银字儿），经过了时代的孕育而在元、明时期兴盛起来的曲艺演唱形式。它的最基本的艺术表现方式是以吟唱、韵诵和以散说相间形态的口头语言为主。其书目的主体，也还是以"话"，即以"故事"为本。

代表作品有《历代史略十段锦词话》《大唐秦王词话》和较有影响的《明成化说唱词话丛刊》16 种。

最后，再谈谈说书大家柳敬亭。柳敬亭（1587—约1670 年）本姓曹，原名永昌，字葵宇。祖居通州（今江苏南通），后又随父迁居泰州，复迁南京。少年时因罪亡命避祸而流落于江湖，浪迹中偶息安徽敬亭山柳下，故又改姓为柳，号曰敬亭。为糊口，青年时被迫从艺说书，后因得业余说书名家莫后光的点拨、引领而艺技大精，成为一代说书名流。

有关他的说书艺术造诣，当时人多有评论，誉之甚高。清人王沄在《漫游纪略》中夸赞说："柳生侈于口，危坐掀髯，音节顿挫。或叱咤作战斗声，或喁喁效儿女歌泣态。公尝辣听之。僮仆以下咸助其悲喜，坐客莫不鼓掌称善"。清人张岱在《陶庵梦忆》卷五中也十分称赏他的表演技艺："余听其说《景阳冈武松打虎》，白文与本传大异。其描写刻画，微入毫发。然又找截干净，并不唠叨。呦央声如巨钟，说至筋节处，叱咤叫喊，汹汹崩屋。武松到店沽酒，店内无人，蓦地一吼，店中空缸空甓皆瓮瓮有声，闲中著色，细微至此。"在所说书目方面，除擅说"水浒""三国"等书外，也还精于"岳传""隋唐"和"西汉"等。

第五节　清代曲艺

登上新的峰巅的清代曲艺（公元 1644—1911 年）。

在金、元、明曾一度萧条的我国的曲艺艺术，到了清代，特别是伴随着康、乾盛世的到来，不仅再度复苏、再度繁兴，而且登上了一个新的峰巅，进入了一个更加全面发展的鼎盛时期。

这一时期，在我国各地和各民族间，已发展和形成了近 200 多种演唱形式，数以百计的演出场地，上万名的艺术家队伍，而各种形式的曲艺作品，犹如雨后春笋般地相继出现。

在演出场所方面，不仅有农村、集市、庙会、码头、水上、陆上，以及各种各样的零散、流动的演出场合，而且在城市，在一些热闹繁华的商业中心，更出现了不少较为集中也较为固定的著名的演出场地。最大、最有影响的演出场地，有北京的天桥，上海的城隍庙，南京的秦淮河、夫子庙，扬州的画舫、教场，天津的三不管，河南开封的相国寺，以及山东济南的大明湖、趵突泉等。在这些地区或地方的街头、巷尾、书场、书棚、茶馆、酒肆、书社、书寓、园子、围场、席棚、布棚、露天、画锅、撂地、打场，鳞次栉比，星罗棋布，日日夜夜，到处都活跃着曲艺艺术家们的各式各样的卖艺和演出。

在这段时期内，不光评书、评话、弹词、相声等一些较大的曲艺演唱形式各擅其长，各展其技，而且就是在一些边远和偏僻的山乡、农村，以及少数民族聚居的地区，也都活跃着各种各样的富有地方色彩的曲艺演唱形式。如"乌力格尔""好来宝""鼓打铃""零零落""判捎里""布依弹唱"，以及"本子曲""巴西古溜溜""台湾歌仔"等，这些演唱不只活泼有生气，而且都已较为成熟。

正是在这种曲艺艺术的大发展中，造就出像穷不怕、万人迷、马如飞、何老凤、石玉昆、随缘乐、马三峰和王周士等一大批著名曲艺艺术家，他们创作出像《天雨花》《描金凤》《玉蜻蜓》《霓裳续谱》与《白雪遗音》等精彩的曲艺艺术杰作。

总之，节目多，形式繁，流布广和艺术家众多，是我国清代曲艺艺术的一个最显著的特点。这一时期的曲艺艺术，恰如艺人们所形容，是我国曲艺艺术发展史上的一个书的山、曲的海和艺术的洪流的时代。也正因为如此，对于有关情况，我们也只能略选数例做些鸟瞰性的扫描。

"穷不怕"（1829—1904 年），原姓朱，名为少文或绍文。"穷不怕"是他的艺名或诨号。其艺术活动期大约在清同治至光绪年间。他是土生土长的北京人，幼习京剧，应丑行，因未走红，又改唱"太平歌词"（在京、津"四喜歌调"基础上形成的一种曲艺演唱形式，多由单口相声演员在节目中穿插演唱）。朱与相声艺人孙丑子是同门师兄弟。他多才多艺，在演出中，擅长于用白沙在地上撒字，撒出福、禄、寿、喜、虎，或者诙谐滑稽有趣的诗文、对联，然后再就所撒内容或字音与字义等，进行拆讲、议论；与此同时，还边击节竹板，吟唱"太平歌词"，有时候也穿插讲些笑话和故事。演出时，一般多借题发挥，博引时事，谈古论今，嬉笑怒骂，相映成趣。他的谐谑嘲弄，令人忍俊、捧腹。其诸多技艺均挥洒自如，为观众所欣赏，享誉甚高，被推为早期天桥八大怪艺人之首。近人张茨溪在《天桥一览》中评论其技艺时称誉说："虽卖单春（说单口相声），而所唱所说者，全是别开生面，……拆笔画，或释音义，或引古人，或引时事，结果必撂个硬包袱儿，令人拍案叫绝"。他的刻有"日吃千家饭，夜宿古庙堂；不作犯法事，那怕见君王"的联语竹板，保存至今。"穷不怕"当年曾与北京著名杂耍艺人张三禄结交甚厚，艺术上得益于张者颇多，并呼张为师。后又曾与其弟子贫有本搭档，演出相声。演时珠联璧合，称心应手，对我国相声艺术的发展有着不小的贡献，代表作品有"字象"等。

在这里，要特别介绍一下"乌力格尔"，又称蒙语说书。其最早的渊源可上溯到我国的宋、元时代。这种演唱形式系在继承"说话""平话"和"词话"的基础上演变而成。渊源虽早，兴盛却是在清末。其演唱大致上可分为三种表现方式：一是吟唱式，二是散说式，三是吟唱、散说相间式。三种表现方式，无论哪一种都讲究要有伴奏。伴奏乐器以四胡为主，兼加马头琴。散说的伴奏重在烘托气氛；其余两种，则重在以辅助和强化其唱腔为主。表演上，因人而异，有人以大幅度的表情、动作为主，以模拟取胜；而有人则以描情、述怀为主，重在人物形象的心理刻画上。流派颇多，不一而足。"乌力格尔"的节目积累也比较丰富，既有移植的"三国""水浒"和"西游"，也有自创的反映本民族人物的"江格尔""蟒格斯的故事"和"格斯尔的故事"等名篇佳作。

　　"台湾歌仔"，是流行于我国台湾省各地的一种曲艺演唱形式。它的最早渊源可以追溯到明末清初，而其兴盛则是在清中叶之后。演唱形式是在"锦歌"的基础上，又大量吸收台湾当地"采茶曲""褒歌调""车鼓"和"竹马"等民间小曲、小调发展而成的。以其总体艺术方式而论，可分为如下三种演唱形式，即：

　　（1）"七字仔调"，以七字一句、四字一节的吟唱为主；其吟唱兼采用由"锦歌"和"南词"而来的"送哥""白牡丹"以及"红绣鞋"等小曲、小调，句式严整、合辙押韵，是一种活泼的韵唱形态的口语演唱形式。

　　（2）"大调"，又称"倍思"，形式虽也以韵唱为主，但其曲调却以"锦歌"中较为规范的"四空仔"和"五空仔"的基本曲调为本进行演唱。

　　（3）"台湾杂念仔调"，形式较为自由、活泼，以句式变化较大的吟诵为主的方式进行演唱。当然，无论是哪种唱法或哪种方式，都要以台湾省的地方语音、语调来演出。它们所采用的伴奏乐器也都很典雅，如洞箫、品箫、双铃、小叫、木鱼、琵琶、盅盘、二弦、三弦和月琴、秦琴、椰胡与渔鼓等。"台湾歌仔"的代表节目有《吕蒙正》《陈三五娘》《山伯英台》和《郑元和》四大名作，也有小折的作品《孟姜女》《妙常怨》《昭君和番》《董永卖身》《井边会》《安童闹》《金花看羊》和《雪梅思君》等，合称八小件。

第七章　中国当代曲艺

第一节　"五四"至抗日战争前的曲艺

充满着抗争强音的"五四"至建国前的现代曲艺（公元 1919—1949 年）。

我国现代曲艺艺术，指从 1919 年的"五四"运动直至中华人民共和国成立前这个历史发展阶段的曲艺，其最明显的特点，就在于它充满着反帝、反封建和争取民主独立解放的抗争强音，是我国新民主主义艺术的一个重要组成部分。

下面，我们扼要叙述这一时期的曲艺艺术发展的大致情况。"五四"至抗日战争前（1919 年 5 月—1937 年 7 月）。

这段历史时期中，伴随着中国工农红军和各革命根据地的创立，在红军及不少革命根据地里兴起了新的曲艺艺术活动。珍贵的历史文献《红军日报》（1930 年 7 月，由彭德怀率领的红三团政治部创办发行）仅六期报刊上就刊登了 20 多篇曲艺作品。至于当时在红军战士和根据地人民群众中口头流传及随编随演、随传随唱的作品，更不可胜数。这些被记载下来的作品中，最早的一首是 1938 年夏天井冈山革命根据地创作的"四川调"："朱毛会师在井冈，红军力量坚又强，红军不费三分力，打垮江西两只羊。"与此大致同时的，还有遂川、永新、宁冈等县流传下来的十多段"四川调"。这一时期，在红二方面军活动的洪湖地区、红四方面军活动的川陕地区、湘赣以及在陕北的一些根据地里，也都有类似的曲艺作品流传。

考察留存至今的文献，这一时期红军和革命根据地的曲艺艺术活动不仅很活跃，作品的思想、艺术水平也相当高。例如 1937 年 7 月《红军日报》所载的一篇名为《革命伤心记》的"四川调"，就很有代表性。该作的唱词长达 80 多段，描述了我国第一次大革命的胜利与失败的过程，既满含血泪地控诉了蒋介石背叛革命、屠杀人民的滔天罪行；又生动形象地描述了共产党人、革命志士的愤怒情绪及他们对历史经验的总结、教训与认识。对于共产党人的内在情感、豪迈气概也有充分表述，很像一篇描述伟大历史画卷的长篇叙事诗，堪称一篇有高度思想性和完美艺术性的优秀曲艺佳作。

该时期红军和革命根据地的曲艺演唱水平，也达到了相当的高度。当时广东东江独立师里有位名叫李素娇的女战士，甚至可以通过自己极富艺术魅力的演唱，将敌人感动，将敌军瓦解。在一次战斗中，当我军进攻敌堡受挫时，她便运用自己的演唱迷惑住了敌人，以演唱作掩护，配合部队打进敌堡、巧夺机枪，胜利完成了夺堡的战斗任务。在另一次战斗中她不幸被俘后，又通过自己的演唱绝技，不但摆脱了敌人的控制，而且竟然将敌军一个排的兵力完全瓦解，使其全部归顺我军。有关对这位女战士演唱水平的描绘也许不无夸张的成分，但是，这事例却说明红军和革命根据地里的曲艺艺术，起到了为人民、为革命的作用。在红军和革命根据地的曲艺艺术活动中，同时也出现了较有影响和较有代表性的革命曲艺的作家。当时的领导人之一瞿秋白就是其中比较突出的一位，他也是一位作品甚丰的革命曲艺作家，《东洋人出兵》《十月革命调》《上海打仗景致》《可恶的日本》《英雄巧计献上海》《送郎参军》以及《红军打胜仗》《消灭白狗子》等一系列较有影响的曲艺作品，都出自他的手笔。

同一历史时期，分散于全国城乡的民间曲艺活动也比较活跃。只是与红军和革命根据地里的曲艺活动不同，它们是以较有影响和有着较高艺术水平的曲艺艺人的活动为中心的。其中颇富影响并在艺术上取得有较高成就的如：京韵大鼓名家刘宝全、张小轩、白云鹏，相声名家焦德海、张寿臣，单弦名家常澍田、荣剑尘，苏州弹词名家魏钰卿、蒋如庭、夏荷生，梅花大鼓名家金万昌，山东大鼓名家谢大玉，东北大鼓名家霍树棠，河南坠子名家乔清秀，西河大鼓名家赵玉峰，四川扬琴名家李德才，扬州评话名家王少堂，北方评书名家陈士和以及粤曲名家熊飞影、小明星等。他们都是这一时期民间艺人里的佼佼者，他们以自己的精湛演技，创作了大量的宣扬民族光荣历史、揭露旧制度黑暗、赞颂美好善良情操的丰富多姿的曲艺节目，为推动这一时期曲艺艺术事业的发展，发挥了重大作用。其中，还涌现过一些勇敢献身革命，或积极投身于革命曲艺艺术活动的人士。如在红军初创时期，江西的永新地区就有民间艺人自愿加入革命曲艺艺术的行列，创作出以"永新小鼓"编演的《打倒军阀列强》《闹暴动》等节目，特别是1935年冬，贵州龙胜地区侗族曲艺艺人石戒福，自编自演的琵琶歌《长征歌》等节目，热情地宣传和颂扬了红军长征北上的道理和长征取得的伟大胜利。尽管这样的民间艺人为数不多，但他们所代表的方向和当时所形成的影响，却是深远的。

第二节　大后方和敌占区的革命曲艺及艺术活动

1937年"七七"事变后，随着大片国土的沦丧，在敌占区，我国不少以曲艺为职业的民间艺人和不少从事曲艺写作的作家，同广大劳苦大众一样，也陷入了水深火热之中。大后方的曲艺作家和曲艺艺人，虽然没有沦于侵略者的铁蹄下，但在国民党反动派不抵抗和假抗日、真投降的反动政策的奴役下，他们不仅同敌占区的人民群众一样，过着饥寒交迫的日子，而且，在政治上备受压迫和欺凌。面对这种现实，面对敌人的屠刀和反动派的黑暗政治，大后方及敌占区的许多曲艺作家和艺人，以曲艺为武器，向敌人，向反动派，向形形色色的反动势力，进行了勇敢的斗争。老舍就是其中最有影响和最有代表性的人物之一。

老舍（1899—1966）一开始从事曲艺写作，就是以一位战斗者的身份投身到革命曲艺艺术领域里的。抗日战争爆发后，他虽早已是成名的大作家，却为了救亡现实的需要，满腔热情地写下了大量"抗战相声"和"抗战鼓词"。在武汉有人问他为什么写起了相声和鼓词，他说："在战争中，大炮有用，刺刀也有用，同样的，在抗战中，写小说戏剧有用，写鼓词小曲也有用。我的笔须是炮，也须是刺刀。我不管什么是大手笔，什么是小手笔，只要是有实际的功用和效果的，我就肯去学习，去试作……我不会放枪，好，让我用笔代替枪吧。既愿以笔代枪，那就写什么都好，我不应因写了鼓词与小曲而觉得失身份。"这慷慨激愤的言辞既充分表达了他要"以笔代刀"，以曲艺艺术为武器去进行战斗的豪情，也生动体现出他作为一位革命曲艺作家的辉煌形象。从抗战开始至1938年底的不到两年里，他便写下了《卢沟桥》《台儿庄大捷》《中秋月饼》《新对联》《欧战风云》《张忠定计》《打小日本》《骂汪精卫》《新女性》《游击战》《新"拴娃娃"》《王小赶驴》《文盲自叹》《二期抗战得胜图》《西洋景词》《新洋片词》《女儿经》等一大批革命曲艺作品。不仅以饱满的爱国热忱向后方群众宣传了抗日救国的道理，颂扬了我前方将士浴血奋战、抗击日寇的英雄业绩，而且，更以辛辣的笔触、无情的嘲讽，愤怒声讨和深刻揭露了日本军国主义侵略者的野蛮行径以及那些玩弄假抗日、真投降的国民党反动派的嘴脸。老舍先生不愧为革命文艺家的优秀楷模，他也无愧于人民艺术家的光荣称号。

这一时期，在向敌人和向反动派进行勇敢斗争的曲艺艺术家中，另一位很有影响和很有代表性的人物就是相声名家常宝堃。常宝堃（1922—1951 年），满族，3 岁随父变戏法卖艺谋生，后改学相声。他不仅是一位有着精深艺术造诣和高度艺术成就的曲艺艺术家，而且也是一位有着高度爱国热忱与高尚民族气节的爱国艺人。1937 年"七七"事变之后，当日本军国主义侵略者的铁蹄横蛮地践踏我国国土之际，他编演了相声《牙粉袋》和《打桥票》等节目，猛烈地抨击、挞伐了日本占领者及汉奸走狗们；当他为此遭到敌伪的逮捕，毒打并受到敌伪的诱逼、劝降，要他编演讽刺中国共产党和人民的相声时，他更表现出高尚情操、坚贞品质，以不屈不挠的无畏精神，击破了敌人的种种阴谋，堪称民间艺人的一名表率。1951 年 4 月常宝堃牺牲在朝鲜前线。

此外，还应该提及山药蛋（富少舫）、小地梨（董长禄）等人，他们在抗日战争时期，在重庆，冒着危险，积极上演老舍的不少进步作品，也为发展大后方进步的曲艺艺术事业作出过贡献，他们也不愧为这一时期进步的曲艺艺人。

第三节　抗日战争时期至建国前的曲艺

抗日战争时期至建国前（1937 年 7 月—1949 年 9 月）。

抗战爆发后，随着党领导的各抗日根据地和各解放区的建立，随着党的各项革命事业的开展，继承着红军与革命根据地战斗传统的曲艺艺术，也得到了蓬蓬勃勃的发展，达到了一个较为成熟和较为兴旺发达的阶段。

兴旺发达的标志之一，是革命曲艺艺术的活动范围广泛。各抗日根据地和各解放区——陕甘宁、晋察冀、晋冀鲁豫，山西的太行、武乡、襄垣，山东的滨海、渤海、鲁中南、胶东、鲁西，豫皖苏、湘闽赣，以及内蒙、东北等地区，几乎都有革命曲艺艺术活动。

兴旺发达的标志之二，是曲艺的形式品种繁多。已经出现了"鼓词""相声""武老二""快板""对口说唱""评书""故事""坠子""数来宝""说书""陕北说书"以及"琴书""小调"等百十个曲艺品种。

兴旺发达的标志之三，是产生了有着较高水平的革命曲艺艺术作家、演唱家。在这方面较有影响和较有代表性的有：

韩起祥（1915—1989年），陕北说书演唱家。陕西横山人。他自十三岁学艺，三十岁时即能说唱几十部传统书目，会唱、弹五十多种民歌小调，是当时在陕甘宁边区深受群众欢迎的盲人演员。1940年他赴延安，参加了陕甘宁边区文协说书组。在新文艺工作者的帮助下，自编自演了五百多个反映新人新事的新唱本，著名的有《张玉兰参加选举会》《时事传》《宜川大胜利》《翻身记》《刘巧团圆》等。他的作品生活气息浓郁，语汇丰富，情节生动，有着鲜明的时代感和民间艺术特色。他对于陕北说书的艺术形式及音乐伴奏也进行了改革，在充分发挥三弦伴奏技巧的基础上，增加了梆子、耍板、嘛喳喳等乐器，均由演员自己击节。他的说唱质朴流畅、优美细腻，感情充沛热烈，由于他创造性地把陕北民歌"信天游"以及"道情""碗碗腔""秦腔""眉户"等民间曲调融进陕北说书中，增强了艺术感染力。为革命根据地曲艺艺术发展做出了独特的贡献。

王尊三（1892—1968 年），西河大鼓说唱家，曲艺改革的倡导者，河北唐县人。青年时期即在黄河南北和长城内外说唱传统书目《隋唐》《杨家将》及《西厢》等。他嗓音宽圆甜亮，表演细腻传神，长于说唱金戈铁马故事。对于传统书目，亦能博采众长，多所发挥。抗日战争爆发后，在晋察冀抗日根据地，他一面动员和组织群众参加抗日救亡活动，一面积极编演新鼓词，代表作有《保卫大武汉》《亲骨肉》及《皖南事变》等。也演唱过由音乐家张非及作家赵洵、徐曙等同志创作、改编的大鼓词《晋察冀小姑娘》等。他经常冒着生命危险到敌据点附近去说唱新书，并重视民间艺术的革新和对民间艺人的团结、改造工作，在晋察冀边区享有很高的声誉。

王魁武（1891—1947 年），西河大鼓说唱家。河北雄县人。艺名小毛贲。十六岁开始随父王振元学习弹唱，后到北京从田玉福学艺。长期在大清河一带农村演出。嗓音沉雄有力，长于武书，擅演《呼家将》《打黄狼》等传统书。抗战爆发后，积极从事革命宣传工作，代表作有《科学救国》《中山纪事》《咎岗惨案》《减租减息》等。曾领导群众与敌人进行斗争，1947 年被捕，英勇就义。是一位颇具民族气节的革命曲艺艺术家和曲艺艺术作家。

沈冠英（1906—1975年），河南坠子演唱家。生于河南濮阳。初学琴书，后习坠子。1948年加入中国共产党，抗日战争爆发后，积极编演曲艺节目，并经常深入敌后宣传演出。代表作有《一包毒药》《关内逃难》《理发记》等。除编演曲艺节目外，他还是一位革命曲艺活动的组织者、领导者，曾任八路军濮阳办事处鸭绿江剧社副队长、冀鲁豫民间艺术联合会副主任等职。

赵树理（1906—1970年），小说家、革命曲艺作家。山西沁水人。1937年加入中国共产党。自幼喜爱民间戏曲和民间曲艺。他于1941年创作的鼓词《茂林恨》和1945年创作的鼓词《战斗与生产劳动相结合——一等英雄庞如林》等，在当时的抗日根据地曾产生过广泛的影响。他为发展我国革命文学和革命曲艺事业都做出了卓越的贡献。

杨星华（生年不详，1957年7月逝世），"武老二"（现称山东快书）演唱家。山东省平邑县人。艺名黄三，又称杨黑子。1938年参加八路军，1941年加入中国共产党。他无师傅，亦未正式学艺。因青少年时代酷爱"武老二"曲艺艺术，曾在听民间艺人演唱时仿学仿唱，并渐渐入门，参军后方正式进行演出。他的表演粗犷豪放，喜剧色彩较浓，深受广大战士和群众的欢迎。其代表作有"武老二"《沭河战斗》《大战岱崮山》及《计取袁家城子》等。

当时在各根据地广泛流传的还有《新编杨桂香鼓词》《说唱朱富胜翻身》《说唱晴天传》《反抢粮》《五虎村大战》

《刘兰香》《大臭虫》《大打黄家》《单臂夺枪路宝祥》《血洒七里庄》《女担架》《大摆地雷阵》《跳城》《胜利归来》《打阳谷》《群英大会》《大反攻》等，都是颇有影响的曲艺艺术佳作。

总起来说，抗日战争和解放战争期间，各抗日根据地和各解放区的革命曲艺艺术事业，已经初步形成了一个繁荣昌盛的局面，取得了巨大的艺术成就。

第四节　共和国当代曲艺

春意盎然，百花盛开的共和国当代曲艺（1949—1999年）。

1949年，随着人民军队向全国胜利进军的隆隆炮声，我国的曲艺艺术也揭开了新的和前所未有的一页。

1949年—1999年，我国当代曲艺艺术的繁荣与发展，大致可以划分为三个历史阶段：1949年—1966年的整旧、创新阶段；1966年—1976年的"文革十年"挫折阶段，1976年—1999年的新的恢复、繁荣与发展的阶段。

一、1949年—1966年整旧、创新时期的曲艺艺术

1949年7月召开的中国文学艺术工作者第一次代表大会，实现了解放区与国民党统治区曲艺工作者代表的大会师，共同筹建了中国曲艺改进协会的工作。有力地促进了各地曲艺的复苏和发展。这一历史时期在党和政府的关怀下，促成曲艺艺术繁荣与发展的积极因素还很多：如像1949年10月1日北京《新民报》"新曲艺"专栏的开辟；

是年 10 月 15 日北京市"大众文艺创作研究会"的成立；10
月 17 日北京市前门箭楼"大众游艺社"曲艺演出场所的开
设；1950 年 1 月，以发表曲艺作品为主的《说说唱唱》杂
志的创刊；1 月 10 日天津市曲艺公会的成立；19 日以侯宝
林、孙玉奎等人为骨干的"北京相声改进小组"的创建；
1951 年 3 月，以京、津两地曲艺工作者为基本成员组成的
随第一届中国人民赴朝慰问团赴朝慰问演出的"曲艺服务
大队"，以及而后"曲艺服务大队"第二次和第三次赴朝慰
问；1951 年内"天津市曲艺工作团""上海市人民评弹工作
团"的组建；1952 年 8 月 1 日至 15 日，中国人民解放军第
一届全军文艺会演在北京举行期间，部队大量曲艺节目的
参加演出；是年"中央广播文工团说唱团"的成立；1954
年"北京曲艺团"的组建；1956 年 4 月 6 日至 21 日全国总
工会组织的"全国职工业余曲艺观摩演出会"在京的举办；
1957 年 2 月，全国性刊物《曲艺》杂志在京的创刊；1958
年 8 月 1 日至 14 日文化部主办的"第一届全国曲艺会演"
的在京举行；1959 年 11 月 25 日至 27 日，党和国家领导人
陈云同志对上海文化局及"上海人民评弹团"负责人的接
见与谈话；1960 年 1 月文化部等单位联合主办的"曲艺优
秀节目汇报演出"在京的举行；1961 年 1 月 25 日，中央广
播事业局组织领导的"京韵大鼓传统节目演唱会"的举办，
陈云同志观看演出后发表的重要意见；是年 7 月"苏州评
弹学校"的建立；同年 9 月 19 日文化部发出的《关于加强
戏曲、曲艺传统剧目挖掘工作的通知》；同年 10 月，"四川

相书"演出队的赴京汇报演出；1962 年 10 月天津"津门曲荟"的"时调""京韵大鼓""单弦"等专场曲艺节目的演出；是年 11 月 22 日至 23 日，中国曲艺工作者协会组织召开的"相声座谈会"；同年 12 月 4 日举行的《红楼梦》曲艺专场节目演出，周恩来总理观看演出后重要意见的发表；1963 年 3 月 19 日至 26 日，全国"中、长篇新书"书目创作座谈会的在京召开；是年 3 月至 8 月，曲艺演员马季等参加文化部"农村文化工作队"深入农村、基层的演出；同年 7 月，"上海滑稽剧团"的赴京演出；1964 年 2 月，中国文联等单位组织的"曲艺创新、编新、说新、唱新"座谈会的在京召开；是年 2 月 5 日，《人民日报》题为《积极地发展社会主义的新曲艺》社论的发表；同年 4 月 6 日至 5 月 10 日，"中国人民解放军第 3 届文艺会演"的在京举行；同年 11 月 26 日至 12 月 29 日，"全国少数民族群众业余艺术观摩演出大会"在京举行期间，大量少数民族曲艺节目的参加演出等等。特别是"中国曲艺改进协会筹备委员会"（1949 年 7 月 22 日）以及"中国曲艺工作者协会"（1958 年 8 月 16 日）的成立，对促进我国当代曲艺艺术的繁荣与发展，起了决定性的作用。

这一时期解放区与国统区各路曲艺大军共同汇合到共和国的旗帜下，包括"大鼓"和"说书"等在内的四百多个曲艺艺术品种，首次有了"曲艺"这一总的称谓，与戏剧、电影、音乐、美术、舞蹈和其他姐妹艺术形式相并列，终于成为我国民族艺术之林中一名相对独立的、正式的成员，终于被承认为是一门独立的和专门的艺术。与之相应，从 20 世纪 40 年代末至 60 年代中，经过广大曲艺工作者们约近 20 年的艰苦努力，通过对曲艺整旧、创新的改造过程，我国当代曲艺艺术，呈现出一派兴旺发达和繁荣昌盛的新景象。

在党的"百花齐放，推陈出新"的文化方针的指引下，经过 17 年的努力，我国当代曲艺艺术形式，在全国范围内，已形成了这样一种基本的阵容、态势与局面：四百多个曲艺艺术品种，按其最主要或最基本的艺术表现手段，大致上可以分为以说为主，以唱为主，以韵诵为主和以说、唱相间为主的四大曲艺艺术门类。而在四个大的曲艺艺术门类中，以大体相近的体裁或样式划分，它们又大致上可以分为以下 12 类：

评书类：包括评书、苏州评话、扬州评话、福州评话、湖北评书、四川评书等。

相声类：包括相声、独角戏、答嘴鼓和四川相书。

韵诵类：包括数来宝、快板、快板书、竹板书、锣鼓书、春锣、山东快书、说鼓子、四川金钱板等。

鼓曲类：包括梅花大鼓、京韵大鼓、京东大鼓、河北木板大鼓、西河大鼓、乐亭大鼓、潞安鼓书、襄垣鼓书、东北大鼓、奉调大鼓、温州鼓词、安徽大鼓、山东大鼓、梨花大鼓、胶东大鼓、河洛大鼓、河南坠子、三弦书、湖北大鼓和陕北说书。

弹词类：包括苏州弹词、扬州弹词、四明南词、平湖调、长沙弹词、木鱼歌等。

时调小曲类：包括天津时调、上海说唱、扬州清曲、江西清音、赣州南北词、湖北小曲、襄阳小曲、长阳南曲、湖南丝弦、祁阳小调、四川清音和四川盘子。

渔鼓道情类：包括晋北说唱道情、江西道情、宜春评话、永新小鼓、湖北渔鼓、衡阳渔鼓、四川竹琴等。

单弦牌子曲类：包括单弦、岔曲、南音、福州促艺、飏歌、聊城八角鼓、大调曲子、广西文场、西府曲子、安康曲子、兰州鼓子、青海平弦、越弦、打搅儿等。

琴书扬琴类：包括北京琴书、翼城琴书、武乡琴书、徐州琴书、安徽琴书、山东琴书、恩施扬琴、四川扬琴、贵州琴书、云南扬琴等。

走唱类：包括十不闲莲花落、二人转、宁波走书、凤阳花鼓、车灯、商雒花鼓等。

杂歌杂曲类：包括无锡评曲、绍兴莲花落、锦歌、褒歌、芗曲、江西莲花落、南丰香钹、瑞昌船鼓、于都古文、三棒鼓、善书、潮州歌、粤曲、粤讴、龙舟歌、粤东渔歌、五句落板、零零落、荷叶、姚安莲花落、贤孝、倒浆水、台湾歌仔等。

少数民族曲艺类：包括好来宝、笑嗑亚热、乌力格尔、太平鼓、三老人、漫谈、才谈、鼓打铃、判捎里、依玛堪、铃鼓、蜂鼓、末伦、琵琶歌、嘎锦、果哈、嘎百福、阿苏巴底、四弦弹唱、甲苏、布依弹唱、哈巴、大本曲、赞哈、喊半光、折嘎、喇嘛玛尼、格萨尔说唱、宴席曲、巴西古溜溜、念说、冬不拉弹唱、苛夏克、维吾尔说唱和达斯坦。

在这段历史时期内，还创作、改编、演出或出版了一大批优秀传统曲艺艺术的曲目或书目，像评书《周支队大闹平川》《登记》《灵泉洞》《第三件棉袄》《烈火金刚》，唱词《董存瑞》《江竹筠》《罗盛教》《丁佑君》《渔夫恨》《三勇士推破船》《叶大嫂摇船渡江》《飞夺泸定桥》《考神婆》，山东快书《一车高粱米》《三只鸡》《师长帮厨》《李三宝比武》《侦察兵》《抓俘虏》《三换春联》《长空激战》，快板书《劫刑车》《巧劫狱》《熔炉炼金刚》《智取大西礁》《夜袭金门岛》《隐身草》，数来宝《战士之家》《青海好》《雷锋之歌》《人民首都万年青》《从军记》《巧遇好八连》，快板《二万五千里长征》《抗洪凯歌》，好来宝《铁牤牛》《夸马》，弹词《一定要把淮河修好》《海上英雄》《王孝和》《蝶恋花》《刘胡兰就义》《江南春潮》，苏州评话《王崇伦》，扬州评话《钢铁战士》，说唱《石不烂赶车》，独角戏《看电影》《全体会》，二人转《给军属拜年》《接姑娘》，陕北说书《翻身记》《刘巧团圆》，相声《一贯道》《婚姻与迷信》《夜行记》《买猴儿》《飞油壶》《昨天》《妙手成患》《醉酒》《北京话》《普通话与方言》《买佛龛》《妙语惊人》《打电话》《登山英雄赞》《找舅舅》《画像》《英雄小八路》《美蒋劳军记》《神兵天降》《追车》，天津时调《摔西瓜》《红岩颂》，京韵大鼓《黄继光》《邱少云》《正气歌》《卧薪尝胆》《珠峰红旗》《光荣的航行》等一大批以反映现实、表现历史，或以描叙民间传说和神话故事为题材的优秀曲艺艺术曲目或书目新作，收集、记录、加工、整理演出或出版了像高元钧的山东快书《武松传》，张寿臣的单口相声《小神仙》《化蜡扦》《巧嘴媒婆》《三近视》《麦子地》，侯宝林等的对口相声《关公战秦琼》《戏剧杂谈》《戏剧与方言》《卖布头》《三棒鼓》《改行》《空城计》《戏迷》《武松打虎》《不宜动土》，陈士和的评书《聊斋》，马连登的评书《杨家将》，康重华的扬州评话《三国》，王少堂的扬州评话《武松》（十回）等等。

在这段历史时期，我国的曲艺事业，除有老舍、阿英等名家、学者的大力支持、关心与鼎力协助之外，以赵树理（中国曲艺工作者协会主席）同志为核心，在全国范围内，形成了一支由像王杰魁、陈士和、傅太臣、连阔如、袁阔成、潘伯英、张鸿声、曹汉昌、顾宏伯、吴子安、唐耿良、王少堂、康重华、王丽堂、陈春生、王秉诚、徐勍、张寿臣、马三立、常宝堃、侯宝林、高元钧、刘宝瑞、马季、曾炳昆、高凤山、王凤山、朱光斗、李润杰、张志宽、杨立德、刘学智、刘洪滨、陈增智、赵连甲、孙振业、李洪基、李燕平、孙常文、邹忠新、花五宝、王佩臣、白云鹏、白凤鸣、白凤岩、骆玉笙、孙书筠、小岚云、阎秋霞、良小楼、韩德福、白奉霖、赵玉峰、王尊三、马增芬、靳文然、霍树棠、朱玺珍、郑奇珍、魏喜魁、谢大玉、刘宗琴、徐玉兰、郭文秋、沈冠英、赵铮、韩起祥、刘天韵、周玉泉、周云瑞、薛筱卿、蒋月泉、张鉴庭、杨振雄、侯莉君、徐丽仙、舒三和、王毓宝、李月秋、萧顺瑜、贾树

三、荣剑尘、谭凤元、曹宝禄、石慧儒、张伯扬、阚泽良、谢芮芝、曹东扶、关学曾、茹兴礼、商业兴、邓九如、李德才、李青山、徐小楼、胡景岐、程喜发、熊飞影、白燕仔、李少芳、关楚梅、谭凤仪、黄少梅、琶杰、毛依罕、道尔吉、卢成科、程树棠、王殿玉、陈汝衡、张长弓、关德栋、王铁夫、何迟、赵景深等这样一大批包括专业、业余等在内的新、老曲艺艺术家、专家、学者、教授和曲艺艺术理论研究者们所构成的一支约十数万人的庞大的曲艺工作者的队伍。

总之，从 20 世纪 40 年代末至 60 年代中，经过广大曲艺艺术工作者约近二十年的艰苦努力，通过对曲艺艺术整旧、创新的改造过程，曲艺艺术在全国范围内取得了极大的发展，呈现出一派兴旺发达和繁荣昌盛的新局面。

二、1966—1976 年是我国当代曲艺艺术事业及其发展损失最惨烈和遭受挫折最为严重的时期

"四人帮"在我国曲艺界（也包括文艺其他各界）抡起所谓"黑线专政"论的大棒，无中生有，颠倒黑白、否定一切、打倒一切、横扫一切，否定我国曲艺特别是当代曲艺事业的一切成果、一切成就，把新中国成立以来 17 年曲艺艺术所形成的大好局面和大好形势说得一无是处，一片漆黑。又以所谓曲艺（包括其他各类文艺）必须为"革命"（实为他们的反革命）和为"政治"（实为他们阴谋篡权的政治）服务等等为借口，妄图把曲艺变成他们进行反

革命活动的工具。在他们的摧残、蹂躏、毁坏与打击下，在这个年代曲艺已被折磨得奄奄一息，几近于灭绝的边缘，其挫折严重，而其损失则更加惨重。

三、1976—1999 年新的恢复、繁荣发展时期的当代曲艺艺术

1976 年 10 月，伴随着全国人民欢庆粉碎"四人帮"胜利的喧天锣鼓声，我国当代曲艺艺术也揭开了其新的全面恢复、繁荣与发展的新篇章。

特别是在党的十一届三中全会之后，在新的历史时期，当代曲艺不仅以新的姿态和新的风姿投入了新的战斗，于20 世纪 70 年代末至 90 年代中，从演出到创作、从学术活动到理论研究、从出版发表园地到教育教学，还步入了前所未有的更新更高层次发展的崭新时期。

在演出方面，除经常地和不断地在电台、电视台、舞台、专业和业余文艺活动及各式娱乐演出场所等中出演各种各类曲艺艺术节目外，文化部还分别于 1981 年 9 月和 1982 年 3 月在天津和苏州等地主办了全国曲艺优秀节目观摩的调演，于 1990 年 10 月和 1991 年 5 月在南京和天津分别举办了第一届"中国曲艺艺术节"，1995 年 11 月在河南平顶山举办了第二届"中国曲艺艺术节"。演出不断，赛事不穷。在全国范围内，充分显现了我国当代曲坛及各类曲艺艺术园地内百花盛开、万紫千红的大好繁荣景象及勃勃生机。

在创作方面，涌现了《帽子工厂》《特殊生活》《如此照相》《假大空》《舞台风雷》《百花盛开》《"四人帮"办报》《霸王别姬》《不正之风》《诗歌与爱情》等一大批新曲目及著名曲艺艺术家的选集《武功山》《李三宝传》《挺进苏北》《广陵禁烟记》《秘密列车》《虎跃徂徕》《山猫嘴说媒》《艺海群英》《天外姻缘》《九龙口》《真情假意》《杨柳寨》《老龙窝传奇》《白妞说书》《难忘的一课》《皆大欢喜》《华佗外传》《书帽集锦》等，并整理出版了多种地方曲艺名作与《扬州说书选》《中篇弹词选》《二人转现代作品选》《二人转传统作品选》《丛中一笑集》《朱光斗快板相声选》《李润杰快板书选集》《高元钧演出本传统长篇山东快书（武松传）》《刘宝瑞表演单口相声选》《骆玉笙演唱京韵大鼓作品选》《张寿臣笑话相声合编》《姜昆李文华相声选》《传统独角戏选》《单口相声传统作品选》《竹琴三国志选》《砸御匾》《私访包公》《珍珠塔》《再生缘》《隋史遗文》《伍子胥》《于谦演义》《评书聊斋志异选》《朱元璋演义》《兴唐传》《兴唐后传》《岳飞传》《杨家将》《中国传统相声大全》（四卷本）等一大批说的、唱的、韵诵的，说、唱相间的，短篇、中篇、长篇，现代的、传统的等曲艺艺术曲目或书目。

在学术活动方面，1980年5月中国曲艺家协会在京召开"相声创作座谈会"；同年7月25日至8月2日，中国曲艺家协会、中国人民解放军总政治部文化部、北京部队政治部文化部等单位在青岛联合举办"高元钧山东快书艺术

153

流派演唱会、座谈会";1981 年 10 月 19 日至 11 月 5 日,中国曲艺家协会在扬州召开"中、长篇评书座谈会";1986年 10 月中国曲艺家协会、中国音乐家协会、四川省文化厅等单位在成都联合举办"全国曲艺音乐学术讨论会";1987年 4 月中国曲协研究部与河南省曲艺学研究会在洛阳联合举行"全国曲艺理论座谈会";1995 年 11 月,中国艺术研究院和中华曲艺学会在京举行了"首届全国曲艺理论评奖";1992 年 2 月 11 日至 15 日,中国艺术研究院曲艺研究所与该院《文艺研究》编辑部在京召开了"首届全国曲艺美学研讨会"。这些活动对曲艺理论研究都起了有力的推动作用。

在这一时期内出版的理论成果有:《山东快书艺术浅论》《相声溯源》《侯宝林谈相声》《评弹艺术浅谈》《数来宝的艺术技巧》《山东琴书研究》《相声艺术的奥秘》《中国的相声》《相声艺术与笑》《相声艺术论》《曲艺音乐概论》《中国戏曲曲艺词典》《说唱艺术简史》《中国曲艺史》《东北二人转史》《西河大鼓史话》《扬州曲艺史话》《中国相声史》《中国说唱艺术史论》《话本艺术初论》《曲艺概论》《中国曲艺论集》《陈云同志关于评弹的谈话和通信》《老舍曲艺文选》《赵树理曲艺文选》《王朝闻曲艺文选》《陈汝衡曲艺文选》《曲艺论集》《曲艺丛谈》《陶钝曲艺文选》《王亚平曲艺文选》《新曲艺文稿》《评弹通考》《单弦艺术经验》等综合性的曲艺论集论丛。《中国曲艺志》《中华曲艺通论》《中国曲艺美学》等主要论著也相继或即将陆续出版问世。

可以说,从 20 世纪 70 年代末至 90 年代末,确是我国当代曲艺艺术大恢复、大繁荣和大发展的历史时期。

第六节 新中国的几位杰出曲艺艺术家

一、王少堂

王少堂(1887—1968 年),江苏扬州人,出生于评话世家。其父王玉堂、伯父王金章都以演说《水浒》著称。他自 7 岁始即随父学艺,9 岁登台,12 岁时已能独立演出。在艺术上继承家艺更博采众长,既接受了邓光斗派"跳打"《水浒》的精湛技艺,又汲取了宋承章派《水浒》"口风泼辣"的独特风格。他善于向现实生活学习,向前辈艺人及同辈艺人学习,对自己的艺术进行不断提高和不断改进。在长期的艺术实践中,积累了丰富的艺术经验,形成了自己的独特艺术风格。他说表细腻、坚实,功力深厚,被人誉称为"王家《水浒》",尤擅说《水浒》中的"武(松)、宋(江)、石(秀)、卢(俊义)"等四个"十回",并为适应塑造人物和艺术创造的需要,对有关故事情节进行了重大的改造、丰富和发展。

二、侯宝林

相声艺术大师侯宝林(1917—1993 年),北京人。幼年家境贫寒,11 岁从颜泽甫习京剧,工生、旦、净、丑。14 岁后在撂地卖艺生涯中逐渐与相声结缘,并先从常宝臣后拜朱阔泉为师,继续撂地卖艺。1939 年开始在北京天桥新民茶社正式登台演出，并又赴沈阳等地献艺。1940 年起，与郭启儒搭档，在天津演出，开始享誉艺坛。1943 年曾在天津组织"北艺话剧团"，立志为提高相声的艺术品位进行研究、探索。1950 年在北京参加"北京相声改进小组"，为净化旧相声和提高新相声的艺术地位以及创作反映现实生活的新节目付出了艰辛的努力，取得了显著的成绩。同年赴朝鲜前线慰问志愿军，演出同时编演了《杜鲁门画像》和《狗腿子》等新作。1955 年参加中央广播说唱团，积极编创、演出社会主义相声新节目，除整理改编了一大批传统相声节目外，还编演了《离婚前奏曲》《服务态度》《妙手成患》《砍白菜》和《宽打窄用》等一批反映现实的优秀相声新节目。他热情深入全国工矿、农村、军营演出，他的相声节目，在我国家喻户晓，妇孺皆知，为全国人民几代人喜闻乐见。他热爱党、热爱祖国、热爱社会主义、热爱人民和观众，并为把中国相声艺术引向世界做出了杰出的贡献。他的著述有：《侯宝林相声选》《再生集》《侯宝林谈相声》《侯宝林自传》（上）及与人合著的《曲艺概论》《相声溯源》和《相声艺术论集》等。

侯宝林在艺术上兴趣广泛，多所涉猎，凡中、外优秀艺术无所不爱，而且肯于刻苦钻研，除京剧、评剧、各种地方戏和电影、话剧之外，在书法、绘画、金石和文物古玩方面也都多有所成；但他造诣最深和成就最为卓越的当属相声，尤其是相声表演艺术的工力则更为卓绝、辉煌。他的相声表演潇洒、飘逸、隽永、幽默、炉火纯青。他的说：说得甜，说得脆，说得俏，说得美；他的学：学得像，学得惟妙，学得到家、空灵、醒透、活脱、传神、恰到好处；他的逗：逗得幽默、风趣、机智、诙谐、滑稽、奇巧而又不失之流俗；他的唱：唱得韵致、蕴藉、醇厚、含蓄、酣畅，情满、意满、神满而又重在点醒和点到为止；他的做（即三人称的模拟）：做得大度、大方、挥洒、自如，恢弘、豪放、浓彩重抹，同时，又使听众倍感亲切、质朴、自然、谐和，意在言外、意在韵外、意在象外和妙然天成。他是一位相声艺术美的天才的创造者，以呕心沥血的审美劳动创造，把他所创编的每一段相声之作都酿造和编织成为美的艺术之花、"笑"的艺术之果。他在长期的艺术实践中，独创地形成了融"说、学、逗、唱、做于一炉"，集"神、雅、韵、美于一体"的"侯派"相声艺术体系。概而言之，侯宝林把独具中华民族文化艺术传统及极富中国老百姓喜闻乐见艺术风格的喜剧性相声艺术，推上了一个辉煌的艺术峰巅，为我们民族的语言艺术和相声表演艺术宝库，留下了极其宝贵的艺术财富。其代表曲目有：《戏剧杂谈》《戏剧与方言》《改行》《三棒鼓》《关公战秦琼》《婚姻与迷信》《一贯道》《妙手成患》《醉酒》和《夜行记》等。

三、高元钧

山东快书艺术大师高元钧（1916—1993），原名高金山。1916年生于河南宁陵县和庄村。幼年家贫，7岁即随兄流落江湖卖唱。11岁时开始说唱"武老二"。14岁在南京怡和堂露天杂耍园子正式拜民间说"武老二"的名艺人戚永力为师，习艺三年，出师后即在南京夫子庙、下关一带撂地演出。1936年后辗转于镇江、蚌埠、徐州、芜湖、上海、青岛、潍县、济宁、济南及泰安等地卖艺，并到徐州在恩师门下深造，技艺大进。1946年夏至南京献艺，曾参加了由进步人士组织的"纪念鲁迅逝世十周年"演出大会。翌年，又应邀赴沪，参加了由郭沫若、洪深、田汉等左翼作家举办的"纪念'五四'，反饥饿、反迫害、反内战"的示威演出活动，所演《武松赶会》及《鲁达除霸》等扬善除恶节目，深受广大观众欢迎。1949年上海解放后，高元钧率先演出了与人合作改编的新书目《小二黑结婚》以及别人所改编的新书目《桥》《刘巧团圆》《小大姐翻身》等。1949年6月，高元钧根据"武老二"这种说唱艺术形式的发祥地、内容及语言特色等因素，在有关人士的协助下，正式定名为"山东快书"，一直沿用至今。1950年高元钧赴天津献艺，演唱了《生产就业》和《一封双挂号信》等反映现实生活的新书目。1951年，高元钧被天津文艺工会评为市二级劳模；同年，在北京报名参加了中国人民赴朝慰问团曲艺服务大队，前往朝鲜战场巡回慰问演出，受到了志愿军广大指战员的热烈欢迎。回国后不久即参军入伍，在总政文工团曲艺队工作。此后积极创作或与人合作改编、创作、演出了一批反映战地生活的新节目，如《一车高粱米》《抓俘虏》《三只鸡》《侦察兵》等，受到了军内外广大观众及文艺界的一致好评。高元钧于1956年加入中国共产党。

高元钧在艺术上造诣精深,不保守、善钻研、坚持创新、不断改革,能够在保持本门类艺术规律的前提下,采百家之长为我所用,因而在长期的艺术实践中,逐步形成了亲切朴实,口风甜脆,重说重做,擅演、擅抖(抖"包袱")、擅模拟的技法,能使其表演雄壮洒脱、形神兼备、声情并茂、刚柔相济、极富喜剧色彩、乡土味浓,被誉为"一人多角,快书戏做"的"高派"山东快书艺术风格。在长期的演出实践过程中,高元钧曾成功地塑造出许多优美的艺术形象。郭沫若曾盛赞他是"民间艺术的一面旗帜",茅盾曾为他写下"轻敲绰板轻摇舌,既慷慨兮复诡谲。绝技快书高元钧,沁人心脾如冰雪"的诗句。在快书艺术理论建设上,他也做了不少工作,文章大都收在已出版的《高元钧山东快书选》《山东快书漫谈》及与人合作编写的《快书快板研究》《表演山东快书的经验》《山东快书艺术浅论》等书中。高元钧在部队中,乃至在全国范围内,培养并扶植了人数可观的一批山东快书创作与表演的艺术人才,这是他为山东快书所立下的一大功勋。

四、李润杰

李润杰(1917—1990年),是我国杰出的快板书艺术大师,原名李玉奎,天津武清大桃园村人。他幼年家贫,7岁开始做了村里的一名吹鼓手,以后又做过鞋铺学徒、搬运工,还被人贩子骗至东北给日寇当苦力。青年时代,为了生存,李润杰学会了"数来宝",走上一条半乞半艺、沿街说唱"数来宝"的生活之路。新中国成立后,李润杰获得了新生，以"数来宝"艺术形式为基础，又吸收和借鉴山东快书、评书、相声和西河大鼓等曲种艺术的优长，创造出快板书这种崭新的曲艺艺术品种。经过《赞三军》《英雄炮手李金山》《红太阳照进苦聪家》《夜袭金门岛》等更为成熟的快板书节目的创作与演出，快板书这朵曲艺艺术之花，在工厂、农村、部队生根开花，为广大人民群众所喜闻乐见。

李润杰是一位杰出的快板书艺术大师。他以平凡的现实生活为基础、为素材，为原型，十分成功地创作、编写并亲自演出了像《金门宴》《夜袭金门岛》等一大批脍炙人口的快板书节目，并极其出色地塑造出了一系列生动的艺术形象。

在快板书艺术理论方面也很有见地。他指出：快板书是一种"演文演武我自己"和"一人要演一台戏"的艺术。他总结并提出了快板书创作要讲究"有人儿"，即塑造好各种人物形象，特别是主要人物形象；"有事儿"，即编写好故事情节；"有劲儿"，即组织、编排好扣人心弦的矛盾冲突，特别是要安排好高潮性的矛盾冲突；"有趣儿"，即设置、编排风趣、幽默能够引起人们情趣的"包袱"。

在表演方面，他则总结并提出了要讲究"平"（即平实、稳妥）、"爆"（即火爆、炽烈）、"脆"（即脆快、明澈）和"美"（即优美）的快板书的表演艺术特征。他的快板书表演讲究情真意切、热烈火炽、风趣幽默、豪迈奔放，十分注重与讲求"一人多角，快板书戏做"为主体的艺术风格。著有《李润杰快板书选集》三册，还出版有经他口述，由他人记录、整理的《李润杰快板书艺术》一书。从 20 世纪 50 年代末至 80 年代末，他培育了"快板书"各类艺术人才 200 余人，堪称培育曲艺艺术人才的一位导师。

第八章 曲艺艺术的基本知识

第一节 曲艺艺术的基本特点

目前我国各民族、各地区曲艺品种总计约有 429 种。每一个曲艺品种都有着其自身的特点，但作为一种统一整体的艺术形式，无论从总体还是它们所包含的主要艺术成分来看，又都表现出某些共同的特点，即艺术共性。它们的艺术共性大致有如下一些方面：

（1）由曲艺艺术家以叙述者的客观身份或客观口吻为主，来叙述、代言事物（学仿、模拟性的，而并非真正的扮演），所谓"登场面依然故我"，以"一人多角"的方式塑造形象和揭示主题。

（2）以述事、代言为主的口头语言为媒介、手段，来表达曲艺艺术家的审美感受和美学理想。

（3）以语音（语气、语调、声音节奏等）和语义（具体的指物性和观念性）来直接唤起欣赏者的想象，使欣赏者与表演者共同完成艺术创造。

（4）讲究以曲艺自身的特定艺术技巧（包括评点、批解、用笔法、使扣子、抖包袱、开脸儿、摆砌末、赋、赞、贯口，以及说、唱、诵、学、做等技巧在内），来进行艺术创造。

(5) 熔诗、词、歌、赋、曲、舞、乐、语言于一炉，为我所用，使其有机融汇，从属于曲艺的艺术表现。

(6) 具有一定的程式性和规范性（包括脚本、音乐和表演等在内的程式性和规范性）。

(7) 以演员为中心进行多角度的艺术创造。

(8) 在艺术审美情致和审美趣味方面，注重"书味"（故事性、传奇性）、"戏味"（冲突性）、"趣味"（幽默感、喜剧性），以及其"火炽味"（火爆、炽烈，响堂的艺术效果等）。

(9) 浓郁的乡土气息、地方色彩和突出的民族风格等。

这九个特点各自有相对的独立性，但它们之间又都是有着内在联系的。曲艺艺术的魅力，也恰恰是由此而生。

第二节 曲艺艺术的构成

曲艺艺术虽包含有诸多艺术因素，但其最基本的艺术因素则主要是曲艺文学、曲艺音乐和曲艺表演。

曲艺文学（亦称脚本），是曲艺演员进行再创造的基础。它是以述事、代言结合为主的韵，散，和韵、散相间的曲词（包括单口、对口和群口的白、书词、诵词或唱词等）为手段，在一定的曲艺组织结构形式下，如以不同"笔法"展开方式的叙表、代言、评点和以"扣子"为中心机制的"柁子体"，以"包袱"为中心机制的"捧逗体"，以"词牌"为中心机制的"词牌体"，唱中加说、说中加唱的"说唱体","单唱体","单诵体","单数体",以及"联唱体"和"联数体"等,通过情节的铺陈,矛盾的揭示,冲突的展开,"扣子"的设置,施展"包袱"的系结、抖放、述事、抒情、状景、言物,来塑造形象,反映社会生活内容,表达主题。作为曲艺艺术的演出脚本,它与戏剧艺术的演出脚本不同。戏剧艺术的演出脚本,主要由剧目中的人物以各自的语言、行动来塑造形象、反映社会生活,不用或基本不用第三人称的叙述性语言。而曲艺文学却恰好是要为曲艺演员提供以第三人称为主的叙述性结构的脚本。

曲艺脚本的最明显的特点是:语言讲究,富有表情、动作性,人物语言要求高度的个性化;故事情节要完整,主要人物、主要事件、主要场面和主要时空等,要高度集中;书情、路子要曲折、起伏、跌宕,结构、线索要入情入理、丝丝入扣;"四梁"(书根、书领、书胆、书筋)、"八柱"(男、女、老、幼、精、憨、正、邪等)要齐、要全,要通过矛盾冲突,以及其"包袱""扣子"等,来集中地反映、表现其鲜明、独特的人物性格。

曲艺音乐,由声腔和伴奏两个音乐系统构成。声腔音乐(包括韵唱、韵诵、韵数、韵白和散数与散白的声腔音乐等在内),是以演员语言的自然声韵为基础,在一定的曲艺音乐组织结构形式(如"曲牌联套体""板式变化体""单曲体""曲牌板腔混合体""板式韵诵体""板式韵数体"和节奏性"散数""散诵"与"散白"体等的音乐组织结构形式）下，与一定的音乐曲调，或音乐因素（辙韵、韵律、节奏，或夸张性的语言声调、音韵与地方性的语音音韵、音调等）有机结合，形成了极富民族声乐传统特色的曲艺声腔音乐体系。曲艺声腔音乐与一般歌曲演唱不同，歌曲演唱主要是为了抒情，为塑造乐音和旋律性的音乐形象，其语言的因素应服从乐音或乐曲成分的规定性。曲艺的声腔音乐却主要是为了达意，曲艺音乐要服从语言（主要是语义）成分的规定性；其曲调与乐音因素，都要突出对于其语言因素（主要是对其语音、语调，或其声腔、声调）的强化、乐化与美化，是为了更好地塑造艺术形象，传达思想内容服务的。由于曲艺声腔音乐，以叙事达意为主，所以它特别讲究和强调先"按字"而后"行腔"，和先"字正"而后"腔圆"的原则，以"清晰的口齿，沉重的字"和"迷人的声韵"与"醉人的音"为最佳的艺术境界。曲艺的声腔音乐是一种说、唱、诵型的独特的声腔音乐体系。

曲艺的伴奏音乐（包括击节和管弦音乐等在内），是一种与声腔音乐相配合的器乐性音乐体系。而近声腔、似述讲、伴说唱、助表演、托氛围、塑形象以及配合、辅助声腔抒发其未尽之情，则是它的主要的艺术特性。

曲艺表演，是曲艺演员以叙述者的客观身份为主，在脚本所提供的各种演出因素的基础上，运用说、唱、诵、学、做等艺术手段，凭借使用述事、代言结合为主的口语媒介，塑造形象，表达艺术家审美情趣和美学理想的特定表演体系。

说，即叙述、说讲，也即人们依照一定语法，口中发出带语音的语言和话语之意（包括叙述性的表说、表白，和代言性的说白，亦称说表；又可分为散说、韵说与数说等）。唱，即歌吟、咏唱，也即人们依照一定旋律，口中发出有组织的乐音之意（包括叙述性的表唱，和代言性的模拟唱等；也有韵唱及富含音乐性的散念、散白和散数与韵白之分）。诵，即吟诵、数诵，关于"诵"，《礼记·文王世子》"春诵夏弦"句汉郑玄注说："诵，谓歌乐也"；而唐孔颖达以为他解释得还不够深入和确切，又更进一步作说明："诵，歌乐之篇章，不以琴瑟歌也"。应该说后一解释更恰当和更科学些。因而所谓"诵"，就是用一种有节奏的声调来歌唱或诵吟可以配乐的诗章。学，即学仿、模拟，包括以语音、语气、语调和以表情、动作等所作的学仿与模拟。做，即面部表情和形体动作（包括口、手、身、眼、步的表情、动作，主要是指手势、眼神和面部的表情、形态等）。

说、唱、诵、学、做，总称为曲艺表演艺术的五大基本表现手段，但又由于曲艺艺术的节目内容，主要靠说、唱、诵等来表达，学和做的手段，则只是配合前三者的辅助性的艺术手段。

曲艺与其他姊妹艺术之间也自有其共同的规律，所以在艺术实践中相互借鉴相互渗透是理所当然的。如曲艺表演与戏曲表演就有许多相通之处。但两者有各自的个性，却不能相互替代。二者之间的最根本的区别在于，戏曲艺术的表演，主要是戏曲演员以角色第一人称的身份，按照脚本内容所规定的情境的扮演，而曲艺艺术的表演却主要由演员以第三人称的客观身份，或客观口吻，对于其曲艺文学内容所进行的一种叙表，或模拟性的代言。其表演所注重和讲究的是神似性的学仿与模拟，具有"一人多角"的特点。

第三节　曲艺艺术的种类

曲种，顾名思义，即指曲艺艺术的不同种类。它是在我国曲艺演唱形式的不同形态不同个性的基础上，长期发展形成的。由于表演方式有的以说为主，有的以唱为主，有的以韵诵为主，有的又是说、唱相间的，便产生了曲艺艺术的门类。在一些较大的、不同的曲艺艺术门类中，其演唱形式，有的以普通话的语言、语音来说、唱，或韵诵，有的则又以地方性的语言、语音唱、说、诵；加之有的有伴奏、有的无伴奏；有的站着说、唱、诵；有的则又坐着说、唱、诵；或有的又边走、边演地说、唱、诵；以及有的用曲牌体的语言方式唱，有的用板腔体的语言方式唱，有的则又采用板腔与曲牌相结合的语言方式唱，于是，在一些较大的、不同的曲艺艺术的门类中，则又产生了各有特点，或略有不同的较小的曲艺的演唱、说讲形式，这也就构成了我国曲艺艺术丰繁多姿的各种各样的曲种。

自然，曲种的多彩多姿，与它来自民间、来自生活密切相关，是在不断的发展、变化中逐渐形成的。比如我国唐代"俗讲"的音乐曲调,虽然到了北宋就已不知其详,但是作为一种艺术的因子,作为一种曲艺艺术的先河性因素,却并未真的消失。一曲"散花乐",不仅传之后世,而且还演化成了较大的曲种"莲花落"和"三棒鼓"等。它的击节乐器法鼓或响钹等,也一直被某些曲种(像"钹子书"等)沿用至今。又如两宋时期的"说诨话""学像生""合生""商谜""学乡谈""叫声""说药"和"耍令",在南宋末年即已失传,但它们的讽喻、风趣、幽默、诙谐和滑稽等喜剧性的曲艺表现方式,却又开启了"相声"的最基本的艺术手法的先声。

当然,这种发展变化是漫长而复杂的,它们既有其内在的规律,也有着外在的原因。无论是哪一个曲种,或哪一种曲艺演唱形式,它们之所以能够历久不衰,并得到广大听众的欣赏,都是有着一定的条件的。大致来说,即:①成熟的表现方式(包括系统的艺术技巧体系);②有一批精彩的、成熟的、有代表性的节目;③有成熟的、表演艺术能力精湛的艺术家的群体。

例如,"相声"这一曲种形式之所以至今还能风靡全国,受到广大群众的喜爱,就是由于它在长期不断地发展中积累和创造了像说、学、逗、唱等这样一些系统的艺术表现体系;同时,也由于它在各个不同的历史发展时期造就了一大批相声表演艺术家,以及创造涌现了一大批优秀的、令人百听不厌的、具有迷人魅力的相声艺术节目。

由此可见,任何一个曲种能够得以形成,并继续存在下去，它就必须要具备以上所说的这些最起码的艺术条件。

如上所说，目前我国的曲艺曲种约为 429 种左右。由于表现手段和表现方式的不同，大致上可以分为：以说为主的，以唱为主的，以说、唱相间为主的和以韵诵为主的四大曲艺艺术门类。以说为主的，如评书、评话、相声等，它们是由曲艺艺术家以第三人称为主的散说、学、做的口头语为主要表现手段塑造艺术形象；以唱为主的，如京韵大鼓、梅花大鼓和单弦等，它们是由曲艺艺术家以第三人称为主的吟唱或咏唱、学、做的口头语言为主要表现手段塑造艺术形象；以说、唱相间为主的，如中、长篇评弹和中、长篇西河大鼓等，它们是由曲艺艺术家以第三人称为主的说、唱相间及学、做的口头语言为主要表现手段塑造艺术形象；而以韵诵为主的，如数来宝、山东快书和快板书等，它们是由曲艺艺术家以第三人称为主的韵诵、学、做化了的口头语言为主要表现手段塑造艺术形象。

随着时代的不断前进，社会的不断发展和人们物质文明与精神文明的极大提高，中华各族人民的口头语言、语汇以及音乐也将会更加丰富、发展、强化和提高；而随着广播、电视和电脑等传播媒体的更加先进、扩大与普及，也将更加有利于促进我国以口头语言为主要表现手段的曲艺艺术的进一步繁荣与发展。

第九章　曲艺杂谈

第一节　曲艺文学

曲艺文学泛指曲目创作，主要为民间说唱脚本。旧时曲艺的创作靠师徒相承的口头传授方式继承下来，随着时代的发展和艺人的风格流派不同，它的创作有着很大的灵活性。历代艺人总是根据当时听众的思想情绪和艺术趣味，一方面创造新的作品，一方面对历史遗产进行必要的加工和丰富。一部优秀作品，往往是经历若干代艺人的努力，从比较粗糙的说唱逐渐达到完美的地步。如《水浒》的故事，在南宋时只有大宋宣和遗事和《醉翁谈录》著录的《花和尚》《武行者》《石头孙立》《青面兽》等少数篇章，相当零散简略。到了明代才有经过施耐庵综合改写的《水浒传》刊本问世。但在此之后，口头创作并未停止，直到现代评话艺人王少堂所创作的水浒评话，仅《武松》这一部分的篇幅，就达 100 万字以上，充实了大量内容。同时，同一部作品在不同的曲种中也各有不同的艺术表现手法；不同风格流派的艺人也有不同程度的再创作。在内容方面，作者们既取正史、野史、小说、杂记等作为原始素材，又溶入民间的传说故事，以及艺人自身的社会生活体验及听众提供的知识和意见。在艺术方面，既要符合曲种的结构剪裁、语言风格、唱词格律等方面的要求，又要适合艺人自己的艺术风格。因此，曲艺文学是集体创作与个人创作互相结合、互相补充的口头创作。

唐、五代时期的曲艺文学是作为一种市民阶层的说唱艺术，在唐代随着城市手工业和商业的发展、城市的经济繁荣而形成和发展起来的。唐段成式《酉阳杂俎》记载杂戏中已有"市人小说"，但无脚本流传。现存敦煌石窟保存下来的唐代变文，是僧人在寺院里进行俗讲的底本，在内容和形式上都和民间的说唱艺术有互相影响之处。现存的变文内容，有讲唱佛经故事和世俗故事两类。在讲唱佛经故事的变文中，尤其以那些不引经文而直接依据佛经里的故事加以敷衍穿插的作品，如《目连救母变文》《降魔变文》等，在故事情节、刻画形象方面生动精彩，富有惊人的想象力和奇特的构思，文笔也颇精彩。其中写目连的历尽辛苦以求救母的坚韧性格，写地狱的凄惨，狱卒的冷酷等，都曲折地反映了现实社会生活的一些侧影。那些以世俗题材为内容的变文，如以历史故事为题材的《伍子胥变文》《王昭君变文》，以民间传说故事为题材的《孟姜女变文》，反映当代时事的《张议潮变文》等，都不同程度地揭露了封建制度下丑恶的社会现象，歌颂了真挚的爱情和人民群众的爱国精神，以及反抗封建暴政的优秀品质等。

这一时期的话本、词文、歌辞等，对后世的曲艺文学产生过深远的影响。现存话本有记述佛徒言行的《庐山远

公话》，记述道士法术的《叶净能诗》，记述神话故事的
《唐太宗人冥记》，记述历史故事的《韩擒虎话本》《秋胡》
等作品。其中《秋胡》描写了一旦身居高位就喜新厌旧的
秋胡，和品格高尚的秋胡妻形成对比，具有深刻的现实意
义。《韩擒虎》描写少年虎将韩擒虎的胆识、谋略和英武的
精神也极成功。词文是一种全用唱词的体裁，现存《季布
骂阵词文》是代表作品，塑造季布勇敢沉着的性格，情节
复杂紧张，引人入胜。歌辞，又称曲子词，也是可在歌场
演出的作品，或抒边客游子之情思，或发忠臣义士之感慨，
以至佛门的赞颂等等，莫不入调。其中《五更转》《十二
时》《十恩德》《百岁篇》等的定格联章体制，对后代的时
调小曲有一定影响。

　　唐、五代的曲艺文学，虽然有不少作品受佛教思想影
响较深，具有浓厚的宗教迷信色彩，但也曲折地反映了现
实生活的某些情景。而在以世俗生活为题材的作品中，则
相当鲜明地抒发了下层人民的愿望和要求，再现了当时的
社会生活面貌，反映了人民的疾苦和愤懑心情。在艺术方
面虽然还不甚成熟，但已经显示出了在矛盾冲突中描绘人
物性格形象的现实主义创作方法，并且已经能够充分利用
想象、虚构、夸张等艺术手段。艺术结构上，也注重首尾
贯串，波澜起伏，情节曲折，层层设置悬念以推向高潮的
艺术手法。语言方面则既从方言俗语加以提炼，也使用一
些浅近的文言骈语，以求精练畅达。开始具备了曲艺文学
独有的艺术特色，也为后来的曲艺文学的发展繁荣奠定了

基础。

　　曲艺文学由于宋代城市经济更趋发达，瓦舍勾栏兴起，宋、金时期的曲艺文学出现了空前繁荣的局面。不仅说唱艺术品种繁多，并且产生了书会组织，一些下层知识分子参加了曲艺文学的创作活动。北宋末年，不少说唱艺人流入金国，北方的曲艺文学也有所发展。这一时期，说经、说参请等宗教题材继续有所发展，讲史题材方兴未艾，而以反映现实社会生活为主的烟粉、灵怪、传奇、公案、铁骑儿等称为"小说"的题材创作更为兴盛。现在以话本小说形式流传下来的作品，或者只是艺人所藏属于提纲性质的资料，写得很简单；或者是经过后代文人加工修饰过的读本，虽然看来是完整的，但比起艺人口头讲述却简略得多，都不足以反映曲艺作品的真实面貌和艺术成就，只能从中获知这些作品的主要情节和话本体制等方面的情况。

　　现存的宋人话本约 40 种，其中以《碾玉观音》《错斩崔宁》《杨温拦路虎传》《杨思温燕山逢故人》《白娘子永镇雷峰塔》等数种在思想性、艺术性上成就最为突出。讲史作品，宋人旧编有《五代史平话》《大宋宣和遗事》两种。五代史自北宋就有艺人尹常卖讲说，今见刊本为元人所修订，其间也可能经过历代艺人的增补修饰，保存着较浓的说话艺术色彩。宣和遗事在南宋和北方的金国，只有一些各自独立的梁山泊故事在艺人口头传述，刊本《大宋宣和遗事》则是抄录野史笔记和艺人话本片断杂糅而成，鲁迅说它是"近讲史而非口谈，似小说而无捏合""节录成书，未加融会"。这本书虽然驳杂，却也保存了不少梁山泊聚义故事早期口头文学的面貌。当时以唱为主的曲艺形式，虽然品种繁多，但流传下来的只有诸宫调《刘知远》残本，和完整的董解元《西厢记诸宫调》两种。有故事情节的唱赚、涯词、陶真等形式的作品，只能见到一些著录的名目。

宋代曲艺文学以深刻反映市民阶层的生活和意识形态为其主要特色。如《碾玉观音》里的碾玉工人崔宁、裱褙匠的女儿璩秀秀，《错斩崔宁》里的小商人崔宁、下层知识分子刘贵，《三现身包龙图断冤》里的小吏孙文，《志诚张主管》里的商店主管张胜，《万秀娘仇报山亭儿》里侠气的偷儿尹宗等，都成了作品的主人翁和被歌颂、同情的人物，这在中国文学史上是一个新的现象。

宋、金时代尖锐复杂的阶级斗争和民族斗争，在曲艺文学中也有不少反映。如《梦粱录》所载艺人王六大夫说的《中兴名将传》，《醉翁谈录》所载的《石头孙立》《花和尚》《武行者》《青面兽》《杨令公》等，这些作品虽然未能直接记录下来，但在后世的演义小说中都有演述，很可能是通过世世代代的艺人口头相传，后来经过整理加工成书的。在很多曲艺作品里，通过歌颂农民起义的英雄和为民族斗争献身的武将，揭露了皇帝的昏庸，上层统治阶级的残暴和罪恶。在描写妇女、婚姻问题的作品里，以董解元《西厢记诸宫调》为代表的一批作品，赞颂了自由的爱情，批判了封建伦理观念。这些作品，在艺术上更趋成熟，超越了前人。

元、明两代印刷事业发达，刊刻宋元话本很多，使曲艺作品成为通俗读物而广为流传。如今可以见到的，主要是讲史和神话题材的作品。现存的《全相平话五种》及《永乐大典》收录的《薛仁贵征辽事略》《魏徵梦斩泾河龙》，收录于朝鲜《朴通事谚解》中的《车迟国斗圣》等，参照宋、元以来说话艺人的话本重新写定的演义小说《三国演义》《水浒传》等，都曲折地反映了人民群众的思想愿望和爱憎感情。其中《魏徵梦斩泾河龙》《车迟国斗圣》都注明引自平话《西游记》，故事情节和语言都比宋代的《大唐三藏取经诗话》丰满、生动得多。虽然只保存下这两个片断，也可想见这部平话本篇幅是很长的。这种向长篇说书发展的倾向，对后世曲艺文学的发展产生了很大影响。元代的说唱形式，如说唱货郎儿、琵琶词、陶真、词话等，都没有流传下完整的作品。在明代写定的话本小说《快嘴李翠莲记》，很像是一篇由唱本改写的作品，还保留着大量的韵文唱词，一般认为是产生于元代的作品，也有人认为近于说诨话，可能产生于宋代。其他据学者考订认为是产生于元代的话本小说，还有10余种，除《宋四公大闹禁魂张》等少数作品在思想、艺术方面成就较高以外，一般都比较平庸。

明代流传下来的曲艺作品，主要有词话《大唐秦王词话》，鼓词《大明兴隆传》《乱柴沟》《孙武子雷炮兴兵救孔圣》及1967年出土的《明成化刊本说唱词话丛刊》中的十几种词话本。其中，《大明兴隆传》《乱柴沟》两种写明代开国到燕王靖难之役事迹，其余都取材于历史故事。从这些作品来看，有的写宫廷政治事件及宫闱生活，有些讲史和公案题材，多半取材于元代的平话和杂剧，艺术上虽有发展，但看不出反映明代社会生活的痕迹。只有写包拯陈州粜米、断曹国舅公案、断歪乌盆、断赵皇亲孙文仪案等几篇词话，描写了下层士子、商人受封建皇族或皇亲迫害的故事，在一定程度上曲折地反映了市民阶层反对封建剥削和压迫的愿望。另外，现存话本小说中有《李秀卿义结黄贞女》《苏知县罗衫再合》两种，是根据明代流传的唱本改写的，直接描写了一些明代的社会生活面貌。

元、明两代的曲艺文学有不少共同之处，即在反映现实生活方面逐渐衰落不振，讲史、神话题材有一定发展，在艺术性方面有一些提高，而在思想性方面，平庸的以至宣扬忠孝节义、封建迷信的作品逐渐多了起来。

另外，由于明代进步的文人重视民间文学，收集话本、民歌等加以整理刊印，开始产生了专供阅读的曲艺文学读物，并推动了一些文人从事拟话本的创作活动。冯梦龙的"三言"（《喻世名言》《警世通言》《醒世恒言》）是据宋元话本加以整理和文人拟作话本的合集；其后，凌初的"二拍"（《拍案惊奇》初、二刻）及再后的《石点头》《醉醒石》等书多属拟作。拟唱本形式的还有杨慎的《历代史略十段锦词话》之类。这些文人的拟作，多反映了封建文人的思想意识。其中的一些好作品，如《杜十娘》《沈小霞》《宋小官》《一文钱》等，继承和发展了曲艺文学的优秀传统，反映了市民阶层的思想意识和理想，成为后代艺人改编加工的题材。同时，由文人拟曲艺形式进行创作，到创造民族风格的章回小说，也是中国文学史上一个重要的发展进程。

清代与民初的曲艺文学经历了明末的农民起义战争以后，清代自康熙年间起，社会生产得到恢复，曲艺的艺术品种也日见繁盛，艺术活动逐渐活跃。这一时期，主要是南方的评话、弹词和北方的评书、子弟书、八角鼓（单弦、联珠快书等形式）的创作最为繁盛。评话和评书仍以讲史为主，一部二十四史几乎都已有了说部。主要的成就是对久已流传的《三国》《水浒》《西游记》以及晚出的《精忠说岳》《隋唐》《西汉》等优秀书目进行了不断的丰富和加工，在思想性、艺术性方面都有一些新的提高，情节更为充实，结构更为严整。侠义公案说部的兴盛，也是引人注目的现象。从石玉昆说唱的《包公案》被改写为《三侠五义》以后，陆续出现了《彭公案》《施公案》《小五义》《永庆平》等书，这是宋元话本余波的再兴，但正如鲁迅所说，"仅其外貌，而非精神"。这些作品虽在艺术性方面或有可取之处，而思想内容却适应了封建统治阶级的政治需要。反映社会人情世态的作品，只有扬州评话《清风闸》《飞跎传》两部，讽刺达官富商，描摹市井生活都极生动，独具特色。弹词方面，文人创作的国音弹词数量甚多，其中以《天雨花》《再生缘》《花笺记》《二荷花史》等影响最大，有的曾被后代艺人改编说唱。供艺人弹唱的吴音弹词作品，有马如飞的《珍珠塔》，陈遇乾的《义妖传》《玉蜻蜓》及《三笑姻缘》等，多据前人作品修订，较原本有很多丰富充实之处，艺术性也有不少提高。

文学名著《红楼梦》《聊斋志异》的出现，为曲艺文学提供了丰富的题材。艺人乐于编唱，也为听众所喜闻乐见。在车王府收藏的清代曲本和流传到现代的曲艺作品中，据这两部名著编唱的曲目，如子弟书《露泪缘》《黛玉悲秋》《双玉听琴》等，牌子曲《西湖主》《胭脂判》《张鸿渐》等，数量很多，也都有较高的艺术成就。另外，从话本小说和其他白话小说、戏曲改编的作品，如子弟书《得钞傲妻》《拷红》《借靴》《杨志卖刀》等，牌子曲《金山寺水斗》《春香闹学》《百宝箱》等，也都闪烁着一些民主思想的光辉。

活动于农村中的民间艺人，也有不少创作。如中篇说唱鼓词《二全镇》《对花枪》等，短篇鼓曲作品《红月娥做梦》《借》《偷石榴》《闹天宫》《打黄狼》等，都具有清新朴实的风格，传唱很久。清末兴盛于城市中的相声，创作了不少讽刺鄙吝、贪婪、欺诈种种鄙习和行为的作品，如《字象》《扒马褂》《连升三级》《日遭三险》等，寓庄于谐，鞭辟入里，成为相声艺术的优秀传统作品。

第二次鸦片战争期间，清廷卖国投降的面目彻底暴露在人民面前，曲艺文学中也有不少反映。如出于旗籍子弟手笔的牌子曲《热河叹》，讥笑了咸丰帝仓皇逃命的狼狈相，《夷氛私叹》揭露了官兵和王侯公卿腐败无能，只知茶毒人民的嘴脸。此后描写义和团起义的鼓词《洋人进京》《妙法拆洋楼》等，也反映了一些当时的民众情绪。反侵略、反封建的思想内容输进曲艺文学之中，标志着人民群众政治上的觉醒，也开启了五四运动以后曲艺改良活动的先河。

五四运动在曲艺文学上的反映，就是出现了曲艺改良的新思潮。这时期创作了一批新作品，如鼓词《大劝国民》《孙总理伦敦蒙难》《早婚害》，单弦《秋瑾就义》等，对当时的思想启蒙起了一定作用，但在艺术方面还显得比较幼稚。此后，大部分艺人仍以演唱传统作品为业。有正义感的艺人往往在说唱传统书目时，借书情来隐喻现实，表达人民的思想愿望。如陈士和的评书《聊斋》，借《续黄粱》《梦狼》《考弊司》《王者》《席方平》等故事暴露了贪官酷吏的丑恶面目，歌颂了善良人民的斗争精神，对原作有很多创造性的丰富，主题寓意深刻，具有比较强烈的人民性。王少堂的评话《水浒》，较前辈艺人有了很大的发展，对武松等英雄人物的描写更为丰满，对封建统治阶级人物的揭露都较原著细致深刻，大大加强了《水浒》的人民性。与此同时，由于半封建、半殖民地文化的侵袭腐蚀，也产生了一些荒诞的腐蚀人们灵魂的评书，如《三侠剑》《雍正剑侠图》《五女七贞》等和很多适应庸俗低级趣味的鼓曲作品。

1927年以后，中国共产党领导的中国工农红军和江西中华苏维埃政府管辖的地区，继承五四革命文化传统，曲艺文学得到了发展。瞿秋白、彭德怀和各级领导干部热情推动说唱艺术发展，创作了新的说唱作品。瞿秋白参加修改的鼓词《王大嫂》，女战士李素娇编唱的五句落板《白军士兵出路歌》和很多歌颂土地革命、歌颂红军的小唱，起到了很大的政治鼓动作用。抗日战争爆发以后，中国共产党领导的抗日根据地不断扩大，参加抗日战争的作家和民间艺人都积极利用曲艺形式，反映人民群众的斗争生活。作家赵树理、王亚平，战士毕革飞，民间艺人王尊三、韩起祥、沈冠英等人的作品，如《晋察冀小姑娘》《刘巧团圆》《考神婆》《大生产》《王丕勤走南路》等，思想性与艺术性都达到了一定的高度。同时，在国民党统治区，有的作家也积极创作曲艺作品，如老舍的鼓词《王小赶驴》《张忠定计》《新女性》等。

中华人民共和国成立后，曲艺文学走上了健康发展的道路。在中国共产党提出的"百花齐放、推陈出新"的文艺方针指引下，很多文艺工作者参加了曲艺改革工作。一方面帮助民间艺人整理优秀的传统作品，使其思想性、艺术性得到新的提高；一方面积极创作、改编反映现实生活的新作品，取得了可喜的成就。有的作家有意识地借鉴评书的艺术表现手法写出了一批长篇小说，如刘流的《烈火金刚》、曲波的《林海雪原》等，都为艺人所乐于演述。短篇鼓曲作品数量更为丰盛，每一个曲种都积累下一批有影响的新作品，长期传唱于曲坛。其中如山东快书《一车高粱米》《三只鸡》《李三宝》《武功山》，鼓词《渔夫恨》《黄

继光》《光荣的航行》《石不烂赶车》，评弹《一定要把淮河
修好》《王孝和》，快板《战士之家》《学雷锋》，以及相声
《买猴儿》《夜行记》《昨天》《帽子工厂》《如此照相》等大
量优秀创作，都发挥了曲艺艺术的特点，做到了继承与革
新，革命的思想内容与尽可能完美的艺术形式的统一，为
繁荣曲艺创作开拓了新的道路。

　　中国很多少数民族都有自己的说唱艺术传统。由于民
间歌手的代代相传，不少优秀传统作品得以流传下来。很
多民族的说唱艺术中还保存着远古的神话传说，如万物起
源、民族历史、生产知识以及与自然作斗争的故事等，可
以看出其悠久的传统特别是各民族的英雄史诗，如维吾尔
族的《阿里甫·埃尔吐额阿》在3—7世纪就已传唱；藏族
的《格萨尔王传》结构宏伟，经过长时期的增饰而日益丰
富；蒙古族的《英雄格斯尔可汗》传到现代又有新的改编
本。只有900多人口、没有民族文字的赫哲族也有不少歌
颂英雄的说唱，如《希尔达路莫日根》等几部长篇作品已
经记录汉译出来。这些说唱作品都具有极为珍贵的文学价
值。歌唱男女坚贞相爱、与恶势力作斗争的作品也很多，
如朝鲜族的《春香传》，哈萨克族的《萨丽哈与萨曼》，苗
族的《娥尼和久金》，侗族的《珠郎娘美》等，都以感人的
内容和瑰丽的艺术色彩见称。藏族的说唱"喇嘛玛尼"，演
唱时张挂画轴，与唐代的变文极为相似，传唱到现代的曲
目《文成公主》，歌唱了汉、藏民族关系和睦的佳话。同
时，与汉族文化交流影响较深的蒙、壮、侗、回、锡伯等

民族，长期以本民族说唱形式传唱着汉族的《三国》《水浒》《孟姜女》《梁山伯与祝英台》等故事。中华人民共和国成立后，很多民族的说唱艺术也都创作了新作品，反映了民族生活的新变化。影响最大的作品有蒙族了好来宝《铁牛》《富饶的查干湖》等。

继承传统，推陈出新。中华人民共和国成立后，对传统曲目做了大量的收集整理工作。对于短篇鼓曲和相声作品，选择其中有影响的优秀节目做了整理加工，去粗取精，注入新的血液，使其继续传唱。对于长篇大书，从选择书中精彩部分入手，逐渐推动对全书的系统改造工作。短篇说唱如《穆桂英指路》《双锁山》《鲁达除霸》《闹江州》《偷石榴》《卖丫环》《周仓抢娃娃》等，相声如《关公战秦琼》《改行》《扒马褂》等，滑稽如《七十二家房客》《调查户口》等，经过整理以后，突出了主题的积极意义，人物形象更加鲜明。同时通过对一个曲种的整理，推动了其他曲种移植演出，扩大了影响。长篇书词如弹词《描金凤》中的《玄都求雨》《老地保》两回，《珍珠塔》中的《方卿羞姑》一回，《顾鼎臣》中的《花厅评理》一回等，经过整理以后，剔除了原作歪曲人物形象和不合情理的情节，重新作了剪裁加工，提高了作品的思想性和艺术性，使其情节完整，独立成篇，取得了很多成果和宝贵经验。在十年内乱中，这项工作受到了严重破坏，现在，正在逐渐得到恢复。

对传统曲目的整理工作，在大部分书目中仅限于剔除封建迷信部分，而对于思想内容和人物塑造等方面除违背历史真实和艺术上过于粗糙之处，还缺乏细致认真的加工整理。如《杨家将》《岳飞传》里的民族战争性质问题，缺乏正确的描写，细节中还多有不妥之处；《隋唐》《英烈传》《西汉》等书塑造的农民起义英雄人物，还多以旧的道德观念来评骘是非。

深入生活，繁荣创作。中华人民共和国成立后，由于贯彻"百花齐放、推陈出新"的文艺方针，为繁荣曲艺创作开辟了宽阔的道路，编演新曲艺蔚然成风。各个地区、各个曲种都出现了反映新的社会生活的优秀作品，大部分收集在《建国十年文学创作曲艺选》《〈解放军文艺〉百期曲艺选》和各地区编选的曲艺创作选集及个人作品集中。同时，将小说、戏剧、电影等优秀作品改编为曲艺作品的，如《林海雪原》《红岩》《铁道游击队》《李双双》等，在尊重原作的基础上，按照说唱艺术的要求加以丰富和剪裁，重新结构安排故事情节，力求人物形象更加生动鲜明，也是一种创造性的劳动，对于繁荣曲艺文学是必要的和有益的。此外，用新的思想、观点编写历史故事、民间传说和神话故事的曲艺作品，如《正气歌》《血溅山神庙》《愚公移山》《张羽煮海》《中山狼》等，丰富了曲艺的题材，有利于满足人民多方面的审美要求。中华人民共和国成立后的17年，曲艺创作取得的这些成果，主要是作者深入生活，体验群众的思想感情，把握时代的前进脉搏而取得的。但是，在一段时间内，有些真实地反映生活的作品曾受到

不应有的批判。1978 年以来，中国共产党对文艺政策作了
重要的调整，正确处理文艺和政治的关系，使曲艺创作重
新走向繁荣。1980 年举行的全国优秀短篇曲艺作品评选工
作，选出了 1977—1980 年创作演出的相声《帽子工厂》
《如此照相》《不正之风》，评话《挂牌成亲》，弹词《春到
银杏山》，唱词《春到胶林》《难忘的一课》，快书《唐僧行
贿》《红日照西安》等 58 篇作品，编辑出版，反映出曲艺
创作质量有了新的提高。

第二节　临淄曲艺

　　中国是世界四大文明古国之一，它留给我们的文化遗
产是取之不尽，用之不竭的，曲艺只是极小的一朵奇葩。
古齐文化有着悠久的历史，作为文化艺术的音乐、曲艺等，
更是种类浩如烟海，形式多种多样，备受青睐。

　　正如春秋战国时期的政治家苏秦对临淄做过的记载：
"临淄之中七万户……其民无不吹竽，鼓瑟击筑、弹
琴……。"从论语中述云："子在齐闻韶，三月不知肉味。"
孔子闻韶之说以及齐宣王组织庞大的吹竽乐队、南郭先生
得以"滥竽充数"的故事，都说明当时齐国文化的发达。

　　在这块富有民族曲艺传统的土地上，古代的曲艺民歌
又代代繁衍创造，形成了今天富有地方特色的地方曲艺和
民歌。

　　清末民初，流传着的民歌尚有《赶牛山》《四大景》
《四小景》《鸳鸯扣》《放风筝》《绣花灯》《鸳鸯嫁老雕》

《双蝴蝶》《打秋千》等百多首，吹打乐曲《泰山望景》《小游湖》《斗鹌鹑》《庆丰收》《将军令》等二十余首，伴奏杂耍的民间大鼓遍及各村，鼓谱主要有《玉狮子》《青龙过河》《清堂鼓》《八股穗》《一窝猴》等。

　　1950 年临淄邵家圈人，现任中央民族学院艺术系教授的教育家，二胡演奏家陈振锋先生取材临淄民歌改编为二胡独奏曲《寒鸭戏水》独具一格，备受欢迎。

　　1938 年在纪念"九一八"7 周年的日子里由李人凤写词、陈振锋谱曲的《血雨腥风》成为抗日战歌中不朽的乐章。

　　1956、1979、1982 年临淄区文化馆三次对民间音乐进行发掘、整理、选优秀者六十余首，汇编成集。其中部分较有代表性的编入市、省民间音乐汇编。《双蝴蝶》《荣莉花》被收入《中国民间音乐集成》（山东卷）。《丰收乐》《小游湖》《斗鹌鹑》《泰山望景》《小开门》《得胜令》被收入《中国民间器乐曲集成》。

　　1955 年临淄区文化馆先后以传授班形式，推广外地优秀舞蹈《当子舞》《锯碗》《十大姐》《看庄稼》《丰收舞》等。1974 年区文化馆创作的儿童舞《拣麦穗》《扫雪》均获市会演优秀节目奖，后加工为《我为祖国织春光》参加了省歌舞会演，1985 年创作的歌伴舞《小鸭子》《小青蛙》参加了省会演，分别获一等奖和三等奖。

　　曲艺方面，临淄过去没有组织形式，各自串乡演唱。1952 年县成立曲艺领导小组，经过考核，选拔了 11 名有一定演唱水平的曲艺人成立了县曲艺队。持县文教科发给的"准演证"串乡演出。是年冬县文教科于辛店宽宏街建成临淄区第一个专业书场。固定演职员 6 人。到 1958 年，因收入不能维持艺人生活，书场关闭艺人自散。

1962 年县文化馆对曲艺人员重新登记，通过组织整顿、分编为两个演唱小组，串乡演出，以说新书为主。

1978 年区文化馆成立了半农半艺的"临淄曲艺队"持文化局证明，在本区巡回演出，1979 年发展到 11 人。演出曲种有"西河大鼓""评书"。演出曲目：传统书目主要有《七侠五义》《杨家将》《血手印》《金鞭记》《十扇图》《回龙传》《三国志》《说岳》《五女兴唐传》等。现代书目主要有《杨桂香》《三上毛驴》《卖苇席》《模范配》《雷锋》《智取威虎山》《烈火金刚》《洪嫂避孕》《铁道游击队》等。

1982 年曲艺队吸收魔术演员 3 人，增加魔术节目，改组为"临淄区曲艺魔术队"。

不论什么艺术形式都是人所创造和发展的，在临淄这块土地上，自然有不少热衷于音乐、曲艺的人们。除以上说到的二胡演奏家、教育家陈振锋先生，还有朱台村的朱佩东、刘家寨的刘宪章、王青村的王士义等当代知名的曲艺能手。老民间曲艺能手朱佩东，从小就学会了唢呐、二胡、笛、箫管等多种乐器，随民间吹手班走遍了淄博、惠民、潍坊等地区的十几个县。

自编自演的曲艺知名人士，刘家寨的刘宪章别具风格，铺纸挥毫，可洋洋千言，顺理成章，自己写成词，编上谱，尚有旧时代高雅文人的风度。一旦入迷地演唱起来，小曲古书，莲花落形式多样，不论是走亲访友，街头巷尾，没带乐器，击打瓦缶也可一本正经地热闹半天。

优秀曲艺名人王青村的王士义先生，自幼酷爱音乐，自学了二胡、笛、萧等多种乐器，对民歌尤其热爱，所学民歌有 60 多首，现在已 77 岁，仍能熟练地唱出 40 余首，他演唱的民歌，各具特点，雅俗皆备，行腔委婉，韵味甚浓。一提到乐曲他便精神抖擞，连他自己都叹为"偏才"。唱上"瘾"来什么都会忘掉。他所唱的民歌主要有：《茉莉花》《大花鼓》《放风筝》《翻花》《叩头枕》《拧绳》《赛白娥》《赶花山》《大审青杨》《十杯酒》《拜年》《老汉本姓王》《一盘饼鳖》等。年近八十的王士义对这些民歌一直怀有深厚的感情，每提到一首，往往赞誉几句、或情不自禁地唱起来。

王士义老汉精神矍铄，连唱带说，老伴插话都拦他不住。也正因为临淄有着众多像王士义、刘宪章等这样热心曲艺的人，才会有临淄地区曲艺的如此兴旺发达。

第三节　曲艺曲种

曲艺艺术的种类，根据艺术特点、音乐曲调、语言、起源地点、流行地区等的区别可划分为许多不同曲种，例如扬州评话、山东琴书、相声、河南坠子、京韵大鼓、苏州弹词、四川清音、好来宝、赞哈、大本曲等。

一、联弹

曲艺的一种表演形式，几种乐器合奏称为"联弹"。过去梅花大鼓演出时，曾有穿插"换手联弹""七音联弹"等的演出形式。

二、大鼓

曲艺的一个类别，又名鼓书、大鼓书。一般认为清初时形成于山东、河北的农村；一说大鼓旧称"鼓词"，或从鼓词演变而成。主要流行于我国北方各省、市，兼及长江流域和珠江流域的部分地区。有京韵大鼓、西河大鼓、梅花大鼓、乐亭大鼓、京东大鼓、东北大鼓、山东大鼓、胶东大鼓、安徽大鼓、上党大鼓、湖北大鼓、广西大鼓等数十个曲种。各种大鼓多数由一人自击鼓、板，一至数人用三弦等乐器伴奏，也有仅用鼓、板的。大多取站唱形式。唱词基本为七字句和十字句。早期曲目以中、长篇居多，有说有唱；后多偏重短篇，只唱不说。传统曲目往往是相通的，题材广泛，以历史战争故事和男女爱情故事居多。由于流行地区不同，伴奏乐器、唱腔等也有所不同。

三、琴书

曲艺的一个类别，又名扬琴。因主要伴奏乐器为扬琴，故名。包括山东琴书、徐州琴书、安徽琴书、翼城琴书、武乡琴书、四川扬琴、云南扬琴和北京琴书等曲种。各种琴书起源不一，多数由当地民歌、小调发展而成，有些则明显受滩簧、南词的影响或由大鼓演变而成。表演形式不一，有一人立唱、两人或多人坐唱和走唱的，有的则分角拆唱。唱词也根据其乐曲，有七、十字句和长短句之分。有说有唱，一般以唱为主，以说为辅。伴奏乐器除扬琴外，也兼用三弦、二胡、筝、坠胡等。

四、牌子曲

曲艺的一个类别。凡将各种曲牌连串演唱，用以叙事、抒情、说理的曲种都属这一类。在曲式结构上通常取由曲头、曲尾，中间插入许多曲牌连缀而成的联曲体结构。包括单弦、大调曲子、四川清音、湖南丝弦、广西文场等。一般为一人演唱，也有多至五、六人的。伴奏乐器不一，流行在北方的牌子曲多以三弦为主，南方的牌子曲则多以扬琴、琵琶、二胡等为主。各种牌子曲的曲牌数量多少不一，有些曲牌如《银纽丝》《寄生草》《剪剪花》《叠断桥》《满江红》等，往往为各地牌子曲所共有。

五、活儿

曲艺名词。北方一些曲种称曲艺节目为"活儿""活"。如"蔓子活""段儿活"等；有时也泛指演员的水平，如"有活儿"，指功底深、掌握的曲目多。

六、蔓子活

曲艺名词。北方许多曲种如各种大鼓、评书等，称分回逐日，连续演出的长篇或中篇曲目为"蔓子活"。

七、定场诗

曲艺名词。过去评书、鼓书等演员，在演出中、长篇曲目前，往往先念诵四句或八句诗，称为"定场诗"。内容大半是介绍剧中的特定情景和人物的思想感情，其作用与"开词"相仿。

八、坐弦

曲艺名词。过去北方一部分曲种如京韵大鼓、梅花大鼓、西河大鼓、单弦、天津时调等演出时，经常有一名三弦乐师于后台等候，称"坐弦"。凡遇演员无弦师或固定弦师因故未到场时，即由坐弦顶替。坐弦一般均有丰富的伴奏经验，熟悉各个曲种和演员演唱特点以及曲目内容。

九、撂地

曲艺名词。又称明地儿。设在庙会、集市、街头空地上的曲艺演出场所。演员在平地上演出，另有人向观众租赁桌、凳，供观众坐席。许多曲种如相声、山东快书等，大都经过撂地演出进入"戏棚子"。

十、画锅

曲艺名词。旧时北方有些撂地演出的曲艺演员，先以白砂土在地上划圈、写字，以吸引观众，称为"画锅"。意为画一个饭锅，使演出有收入，得以糊口。

第十章　曲艺基础知识

一、《曲艺丛谈》

曲艺理论专著，作者赵景深，1982年出版。选辑了作者《大鼓研究》《弹词考证》《怎样写通俗文艺》3篇专著和50年来作者发表的《弹词选导言》《鼓词选序言》《抗战与弹词》《五十七勇士·序》《谈曲艺创作》《怎样写说唱》《谈明代成化本说唱词话》《话本小说概论序》等8篇文章。《大鼓研究》是作者于1937年将20世纪30年代发表的《说大鼓》一文扩展而成，对大鼓的类别、起源、体制、演唱作了系统的论述，兼论子弟书、快书、牌子曲、岔曲。其后，他所写关于大鼓历史、现状及其艺术特点的文章以及抗日战争初期写的一些宣传抗日的大鼓词也收入《曲艺丛坛》。《弹词考证》探索了《白蛇传》（《义妖传》）《三笑姻缘》《珍珠塔》《倭袍传》《双珠凤》《玉蜻蜓》等6篇弹词的故事渊源及其演变，并与各个时代、各种文艺形式（说唱、笔记小说、戏曲等）以及外国文学（希腊、印度等）相近内容的作品作了比较研究。《怎样写通俗文艺》内容有怎样写快板、相声、大鼓、弹词、小调、地方戏，阐明了这些曲艺形式的艺术特点和表现手法。《曲艺丛谈》还收入作者 1949 年以后写的一些短文，对新曲艺作品的创作，传统曲艺的改革整理和曲艺理论研究的新成果进行了分析和评价。

　　二、曲艺双簧

　　所谓曲艺双簧，其本身是曲艺相声，其表演则是双簧。电视播放导航《曲苑杂谈》中有电视相声，这是将对口相声的老唱片、录音配像。相声中提到的人物，由多人扮演，按电视剧场景拍摄，将相声中所学的语言对口型，合成电视片。听声是相声，看像是故事剧，实际是双簧。这种双簧后背录音中是二人，前脸化妆扮演很多人。电视相声就是曲艺双簧，因为它在曲艺范畴之内，其扮演超过了相声双簧，其相声台词又不够戏剧双簧的条件，只能叫曲艺双簧。这种双簧，远有常宝（小蘑菇）、常连安的《相面》，近有侯宝林的《三棒鼓》《空城计》等，再近的有马志明的《夜来麻将声》《纠纷》等。侯宝林的《空城计》正好与双簧创始人黄辅臣相反，是他儿子侯跃文前脸配像。

　　三、曲艺音乐

　　曲艺音乐或称说唱音乐，其音乐包括唱腔和伴奏部分，有说有唱，多以唱为主。我国的说唱音乐有悠久的历史，明清以来有了更大的发展。由于各曲种所操的方言不同，因此曲艺音乐不仅有多种多样的曲调，又各具有浓郁的地方色彩。曲艺音乐大致可分为鼓词，弹词，道情，牌子曲和琴书五类。鼓词的演唱者边敲鼓边演唱，伴奏主要有三弦，四胡等，主要流传于北方，如京韵大鼓，梨花大鼓等。弹词的演唱者边弹小三弦琵琶边演唱，多流传在我国南方，如苏州弹词，长沙弹词等。道情的演唱者边敲渔鼓、简板边演唱，如陕北道情，湖南渔鼓等。牌子曲的演唱者手持手鼓，檀板，边奏边唱，伴奏乐器以三弦或琵琶为主，唱腔为不同内牌连缀而成，如单弦牌子曲，四川清音等。琴书类则以伴奏乐器为扬琴而得名，如山东琴书，北京琴书等。说唱音乐的特点除了说，噱，弹，唱结合外，还强调字音，语调与曲调的紧密结合，个别曲种还稍带形体表演。

四、广东曲艺

广东曲艺有广义与狭义两种，广义的广东曲艺是指广东省内各个曲艺品种，如粤曲、木鱼歌、龙舟歌、南音、潮州歌、客家竹板歌、咸水歌等，实际指的是广州和岭南地区的说唱文学。狭义的广东曲艺单指粤曲演唱。

五、粤曲演唱

粤曲是由粤剧分支出来的，是广州方言区流行最广的一种大曲种，用广州方言演唱。粤曲盛行于广州、香港、澳门等地，并传播到东南亚、美洲华人聚居的地方。粤曲原为粤剧的曲调，后形成独立的剧种。它的音乐性强，曲调优美动听，注重声腔艺术，有独特的风格和地方特色。其唱腔属于皮黄系统的板腔体，梆子、二黄、牌子曲、小曲、歌谣构成其整体，同时亦吸收诸如龙舟、南音、木鱼、粤讴、板眼等民间说唱。粤曲的唱腔也由原沿用戏曲的小生、武生、小武、花旦、公脚、花脸、正旦、正生、老旦、丑生十大行当，归为大喉（男角高腔）、平喉（男角平腔）、子喉（女角专用腔）等三大主要喉腔。

六、木鱼

木鱼即木鱼歌。是用广州方言演唱的说唱形式，也是粤剧、粤曲常用的曲牌之一。演唱时不必伴奏，只用一段刳空了的硬质木头敲击作声，以为节奏。这段木头称为"木鱼"这种演唱形式则称为"唱木鱼"或"唱木鱼书"。木鱼以四句为一小段，反复循环。每小段中的每句末字平仄安排均有严格限制。南音、龙舟、板眼等结构与它大体相同。

七、南音

南音是广东粤剧、粤曲常用的曲牌，它是在木鱼、龙舟的基础上吸收了苏州弹词（吴声）等曲种的曲调发展而成的。为了与广东以外的吴声区分，便以"南音"（南方的曲调）命名之。著名的南音代表作品有《客途秋恨》《沙田夜话》等。

八、龙舟

又称"龙舟歌"，也是一种用广州方言演唱的粤曲清唱形式，粤剧、粤曲常用的曲牌之一。其产生有两种说法：一是清乾隆年间，一位顺德的破落大户首创；二是清康熙年间，"天地会"等组织为开展宣传而编创。也有人认为：

"龙舟"是由人们在端午节赛龙舟时向龙王爷口唱消灾纳福、驱邪保境的祝颂词演变而成，或由顺德一乞丐在乞食时的演唱逐渐发展而成。

其实，龙舟真正产生于民间。其唱词以七字句为基本，语言通俗生动，曲调简朴流畅，抒情叙事均直。龙舟作品题材多采自民间传说和地方掌故，长篇较少，短曲为多。龙舟这种适合自编自唱、随编随唱的曲种长期扎根于民间，并被粤剧、粤曲吸收作为曲牌使用，而得以保存了下来。

九、陕西曲艺

陕西曲艺目系指采用陕西各地方言土语为唱、白基准语音，以说唱故事为主体，用一定基本曲调或讲说节奏形式来表达某一主题内容的艺术形式。陕西曲艺目共含四个曲科、八个曲属、十三个曲种，其中曲牌体科含三个曲属，即丝弦清曲属、踏歌走唱属、劝善经韵属；综合体说唱科含三个曲属，即道情渔鼓属、丝竹清曲属、琴板说唱属；板腔体说唱科只有单一曲属即琴板主腔体属。韵白讲说科有韵白快板属。十三个曲种分别是：陕西曲子、榆林小曲、陕北二人台打坐腔、陕北说书、雒南静板书、陕西快书、韩城秧歌、陕南花鼓、关中劝善调、陕南孝歌、长安道情、镇巴渔鼓及神祭用途的长武道场。

十、岳池曲艺

四川省曲艺家协会接到中国曲艺家协会正式文件通知，

同意授予四川省岳池县为"中国曲艺之乡",这也是目前我国西部地区唯一的"中国曲艺之乡"。

近年来,岳池县提出了建设"农家文化名县"的奋斗目标,并将创建"中国曲艺之乡"列为建设农家文化名县的重要内容,县财政每年投入大笔资金支持曲艺事业发展,各部门和乡镇曲艺工作机构、人员、场地、经费等都有较好落实。与此同时,该县已初步建有曲艺特色乡镇 6 个、曲艺特色社区 4 个、曲艺特色学校 1 所。到 2009 年,该县还力争新发展曲艺社区 10 个、曲艺乡镇 10 个、曲艺学校 10 所,培育曲艺大户达到 100 户、曲艺表演人才达到 1 000 名。

几年前,四川省文联、省曲艺家协会的领导和专家到岳池调研,当得知岳池曲艺的良好发展状况时,不禁惊叹:岳池曲艺品种之繁,艺人之多,影响之广,实属全省罕见。后来,中国文联、中国曲艺家协会的领导和专家来到岳池就"中国曲艺之乡"申报工作进行验收时,也对岳池曲艺的保护和传承给予了高度的评价。

岳池曲艺历史悠久,千百年来,勤劳聪慧的岳池人民在生活劳作的同时,自编自乐,创作一些群众喜闻乐见的曲艺节目,从自娱自乐到逐渐走入大众生活,形成了独具特色的地方文化。到如今,该县尚能创作和演出扬琴、竹琴、盘子、清音、古筝弹唱、荷叶、花鼓、车灯、连厢、金钱板、快板、评书、双簧、谐剧、方言、相声、相书(口技)、莲花落、三句半、曲剧等 20 余种形式的曲艺节目，有民间职业演出团体 22 个，除岳池曲协直管的民间艺术团留县承担各项宣传演出任务外，其余团体常年在外巡回演出，足迹踏遍全国各地。他们常常将曲艺与杂技、气功、木偶、皮影等艺术形式结合在一起，给当地的群众送去无尽的欢乐，丰富了当地的文化生活。除职业演出团队外，全县还有 40 多个乡镇、社区组建的业余文艺演出队坚持开展自娱自乐的曲艺演唱活动，参与者达 2 000 多人。